为建筑看相

汉宝德　著

生活·讀書·新知 三联书店

图书在版编目（CIP）数据

为建筑看相/汉宝德著. —北京：生活·读书·新知三联书店，
2017.1 （2019.1 重印）
（汉宝德作品系列）
ISBN 978 - 7 - 108 - 05665 - 8

Ⅰ.①为… Ⅱ.①汉… Ⅲ.①建筑－文化 Ⅳ.① TU-8

中国版本图书馆 CIP 数据核字（2016）第 064097 号

责任编辑　张静芳
装帧设计　蔡立国　薛　宇
责任印制　董　欢
出版发行　**生活·讀書·新知** 三联书店
　　　　　（北京市东城区美术馆东街 22 号　100010）
网　　址　www.sdxjpc.com
经　　销　新华书店
印　　刷　北京隆昌伟业印刷有限公司
版　　次　2017 年 1 月北京第 1 版
　　　　　2019 年 1 月北京第 2 次印刷
开　　本　880 毫米 × 1230 毫米　1/32　印张 7.625
字　　数　174 千字　图 49 幅
印　　数　08,001 - 12,000 册
定　　价　45.00 元
（印装查询：01064002715；邮购查询：01084010542）

三联版序

很高兴北京的三联书店决定要出版我的"作品系列"。按照编辑的计划,这个系列共包括了我过去四十多年间出版的十二本书。由于大陆的读者对我没有多少认识,所以她希望我在卷首写几句话,交代一些基本的资料。

我是一个喜欢写文章的建筑专业者与建筑学教授。说明事理与传播观念是我的兴趣所在,但文章不是我的专业。在过去半个世纪间,我以各种方式发表观点,有专书,也有报章、杂志的专栏,副刊的专题;出版了不少书,可是自己也弄不清楚有多少本。在大陆出版的简体版,有些我连封面都没有看到,也没有十分介意。今天忽然有著名的出版社提出成套的出版计划,使我反省过去,未免太没有介意自己的写作了。

我虽称不上文人,却是关心社会的文化人,我的写作就是说明我对建筑及文化上的个人观点;而在这方面,我是很自豪的。因为在问题的思考上,我不会人云亦云,如果没有自己的观点,通常我不会落笔。

此次所选的十二本书,可以分为三类。前面的三本,属于学术性的著作,大抵都是读古人书得到的一些启发,再整理成篇,希望得到学术界的承认的。中间的六本属于传播性的著作,对象是关心建筑的一般知识分子与社会大众。我的写作生涯,大部分时间投入这一类著作中，在这里选出的是比较接近建筑专业的部分。最后的三本，除一本自传外，分别选了我自公职退休前后的两大兴趣所投注的文集。在退休前，我的休闲生活是古文物的品赏与收藏，退休后，则专注于国民美感素养的培育。这两类都出版了若干本专书。此处所选为其中较落实于生活的选集，有相当的代表性。不用说，这一类的读者是与建筑专业全无相关的。

这三类著作可以说明我一生努力的三个阶段。开始时是自学术的研究中掌握建筑与文化的关系；第二步是希望打破建筑专业的象牙塔，使建筑家为大众服务；第三步是希望提高一般民众的美感素养，使建筑专业者的价值观与社会大众的文化品味相契合。

感谢张静芳小姐的大力推动，解决了种种难题。希望这套书可以顺利出版，为大陆聪明的读者们所接受。

汉宝德

2013 年 4 月

目　录

自　序

在三十五岁以前，我是一个严格的职业本位的教书匠或建筑师。我的兴趣虽然很广阔，但工作的范围则很狭窄，不论研究工作、课堂讲授，都是一板一眼的，希望达到我所了解的国际建筑教育界的标准。然而在专业上有了相当的经验之后，发现建筑实在是一种公众艺术，躲在象牙塔里不但永远不会为公众了解，而且永远达不到改善环境品质的目的。

所以我开始在专业性刊物之外写些介绍建筑的文章。但是报纸的副刊与文艺性的杂志多半是以文学与艺术为主要内容，专谈建筑的机会不多；所以我写了一些游记，希望以散文的形态，介绍我在异域所见之建筑，及从而产生的观感。这些文字后来集为一册，命名为《域外抒情》。我希望读者通过我的描述，对建筑的性灵的一面有一种体会，并对建筑发生深一层的兴趣，然而其效果是很值得怀疑的。

几年前，明道文艺社社长陈宪仁兄打电话来，希望我在该刊写一个专栏，专谈建筑，我立刻同意，因为我准备写这类的文章已经很久了，一直没有机会。《明道文艺》是有广大青年读者的文艺杂志，而我很愿意对青年谈话，又很愿意把建筑与文艺连起来看，以便更易于达到沟通的目的，所以明道给我的这个机会可以说是很珍贵的。同时，最近几年来，我已成为生活在忙乱之中的俗人，每月写一篇三四千字的建筑专栏，一方面可以勉强我做一些思考，也还在我能负担的范围之内。

以建筑为中心谈论到有关文艺、社会、文化诸方面的问题，对我自然比较顺手，而且更能把建筑在文化中的位置表达出来，比起用游记的方式要痛快得多了。但这专栏开始时，打算只写十篇，所以内容的安排，以介绍建筑各方面的性质为目的。等到接近结束时，陈社长希望我继续写下去，以便出版集子。这表示我的专栏尚有正面的反应。我受到他的鼓励，就把内容放开，以更易于为一般读者接受的角度去下笔，不再顾及建筑学的完整性了。比较明显的改变是我决定不谈建筑学中占有相当分量的科学与技术的一面，使得这个专栏更加"文艺"一些。

准备结集的时候，我把这二十四篇文字整理一遍，觉得还是应该有一个比较明显的顺序，就按各篇的性质重新排列了一下，并把题目略加修改，使目录看上去整齐一点。谢谢明道中学汪校长与陈社长的支持，愿意印一些彩色的照片进去，为这本小书增色不少，也使它看上去更有分量一些。没有他们两位的热心鼓励与策划，这本集子是不会如此顺利出世的。

由于我在行文中，自由而大胆地征引了一些行外的知识，就个人的才能而言，也许是太过狂妄的，希望读者先生们不吝赐教，以便更正。

汉宝德

1985 年

再版序

《为建筑看相》这本书原是我在近二十年前，发表在《明道文艺》上的一个专栏。每月一篇，共写了两年，计二十四篇，明道把它结集出书，于1985年初版。此后又连续再版了两次，再版时，除了更换封面之外，没有更动内容。最后一次再版，至今已有十多年了，坊间早已无书，很多朋友觉得这本书虽以中学生为写作对象，对一般喜欢建筑的入门者，还是有些帮助，应该再版。

明道的陈社长也想再版。但是当年编书的时候，用了很多照片与插图，其中照片的大部分是我自己拍摄的，但也使用了一部分外国人书刊上的资料。至于插图，则是由一本外国书上借用的。自从实施版权保护以来，原有的版面就不能用了。可是我一直忙着公务，没有时间注意这件事。甚至连我自己的照片都没有时间整理，因此延宕至今。这期间也有出版社向我表示再版的兴趣，都因为同样的理由，一时得不到解决。

这个问题后来由黄健敏老弟解决了。他向我提议，该书再版，由他负责配图，把图面全部改换。健敏长于写作，在资料收集与整理方面，建筑界少有出其右者。有他的帮助，书一定会出版得很好。因此我慨然允诺。《为建筑看相》就是我的文与他的图的结合了。

这本书已写了近二十年，其中难免有些不合时宜的文字，健敏都挑出来，予以订正。有时实在麻烦的，就略加改写，使符合今天读者的口味。所幸建筑的讨论没有太多时效性，所以更改的不多。

应王庭玫小姐的要求，我加写了一篇，使全书增为廿五篇。原书本有《传统与现代》一篇，是讨论传统过渡到现代的文化阵痛。我加的一篇，题为《传统、现代与后现代》，则客观地说明三者的关系，同时也借机把这本书的内容拉到20世纪末，使它看上去可以赶上时代。写书的廿年前虽已有后现代之名，但谁也没有想到高科技对建筑造成如此重大的影响。

多谢编辑的用心，给这本书一个年轻的新面目，在我退休之后能看到它再度以不同的面目出现，内心的感激是不言而喻的。

汉宝德

2001 年春

艺术的建筑

每一种文化在意气飞扬的高潮期，全国上下满怀信心地致力于建设的时代，都是建筑的黄金时代。我国隋唐的盛况，创造了伟大的建筑传统，可惜遗迹都随时代逝去，其盛迹不可复见。但是只看明清的建筑，已可知其梗概了。

西方的历史则更有迹可寻。希腊西元前 5 世纪的伯里克利时代正是希腊古典建筑的盛期，为西方建筑奠定基础的时期。罗马西元 2 世纪哈德良大帝（Hadrian）时代，正是罗马帝国首都展开积极建设，为西方建筑的样式树立典范的时期。中世纪的文化，到 13 世纪的盛期，事实上就是全欧洲人全心全力建造哥特教堂的时代。而文艺复兴的黄金时期，其结果就是我们今天所看到的佛罗伦萨。建筑的发展是一个文化的试金石。

今天是我们的建筑新时代，正准备创造一个新的民族意象。我们每天都在建造，每天都在规划。新的生活环境、新的城市就要在这一代完全定型了。不管是好是坏，人人都对建筑发生某种关怀，都感觉到建筑事业的搏动。

但建筑不是一种可以随手撕扯、掷进废纸篓的艺术。我们这一代正负有重大的任务。因为我们所创造的，就是未来一世纪，甚至是几世纪的基业。所以，建筑虽然不是十分关切于经济生活的事业，却是值得有志青年所认真地加入工作行列的事业。建筑界需要时代最优秀的青年。

难怪有些年轻的朋友有学建筑的念头。在一个创造的时代里，建筑本就是发挥生命力最直接的尝试。但是我常对抱有这种兴趣的年轻朋友说：慢着，你要仔细想想，再做决定吧！

为什么呢？因为建筑是一个伟大的事业，一种思想的习惯，一种概念，但作为一种职业，却是很具挫折性的、伤害人格的。学建筑的学生，即使是掌握了建筑的观念，了解了建筑的意义，一旦进入社会，却很难忍受挫折与失败，因而放弃了理想，流为现实的重利世界的奴隶。所以总觉得有志于建筑的青年，应该认真地先对建筑有所了解，知道陷阱在哪里，高贵的意念在哪里，如果空洞地把持着一种理想，反而不如投身于比较切实、安全的行业了。

建筑是一种艺术

很多年轻朋友为要学建筑来看我。我提出的第一个问题是：你怎么知道自己能学建筑？大部分的答案是：我自幼即喜欢绘画。他们诚恳的表情常使我感到难于开口泼他们的冷水，很难告诉他们绘画并不是建筑，也不是学建筑的必要条件！

在我念建筑的时候，社会上一般对建筑的看法，是土木工程的一部分。经过若干年的宣传与鼓吹，今天大家开始认为建筑是艺术的一种。这是不错的，可惜大家提到艺术，总是把它与绘画混为一谈。在西方文艺复兴的时代，大艺术家多身兼绘画、雕刻、建筑三家，说明建筑确实与绘画有很深的因缘。但在那时候，建筑是美术中的小老弟，因为它受实用的影响，不能使艺术家尽情地发挥想象力，故不能有充分

· 空间是建筑的精髓。梵蒂冈圣彼得广场柱列

的表现力。这种看法一直到现在还很流行，认为建筑不脱应用美术的范畴，比如美术界仍很不甘愿把建筑列进去。

若把建筑拿来与绘画作比较，好像是很不公平的；因为建筑是完全不同的一种艺术。建筑在表面的处理上有一点绘画的味道，在整体造型上有一点雕刻的味道。但建筑是生活领域的艺术，它包含了部分的绘画与雕刻，却是不能与绘画、雕刻相提并论的。

这是与欣赏的感官有关的。绘画是平面的艺术，传统的绘画是在平面上创造幻觉，现代的绘画常致力于创造二度空间的意象。雕刻是立体的创造，传统的雕刻是创造立体的幻觉，现代有些雕刻家则致力于三度空间意义的拓展。欣赏绘画完全通过视觉，只要把一幅画展现在均匀的光线之下，我们对着它看就可以了。但雕刻就不同了；雕刻的欣赏，不但要通过视神经，而且要借重触觉与体感。雕刻品不但要展现光线，而且要因光线的来源与品质的不同，予人不同的感受。因为我们欣赏雕刻时，是围绕它旋转的，是可以俯视或仰视的。眼睛只是欣赏的感官之一，我们对雕刻品的表面有加以抚摸的冲动；我们对雕刻品的姿态与架势，要通过我们对重力的经验来感受。只采一个角度对着它看是不够的，因为雕刻是立体的戏剧。

建筑就更进一层了。视觉仍很重要，触觉与体感对建筑的欣赏也是不可缺的。但建筑真正的精髓所在是空间，即我们生活于其中的空间。三种艺术中，只有建筑是包含人的生活的。所以建筑欣赏所要求的感觉力是全面而立体的，除了不包含味觉外，必须能运用一切的感官。我们欣赏一个建筑，不但要看，而且要自不同的角度去看，要触抚材料的质地，要在建筑的空间中移动，接受其中空间变化所加予我们的感觉。我们要仰视、俯视、环视；要踮脚试试它的震动，大声呼喊试试它对声音波动的反应。这是一个包被我们全部躯体与心灵的环境。

建筑是生活的反映

这就是建筑。它之为一种艺术，乃因它能激发我们的情绪，使我们感到亲切或严肃、安全或恐惧、轻快或深沉、愉悦或忧郁。你可以说，建筑就是生活的反映。它常常不容易被人所领会，乃因建筑缺乏其他艺术中必然存在的"隔"字。因与生活太过切近，就失去观照的机会，就不易产生欣赏的机会。

不仅如此。建筑的创造必须把这样多面性的感官反应综合在生活领域之中。建筑并不创造幻觉，而是创造生活。建筑的想象力就是对生活的想象力。

所以严格地说起来，学建筑必须要先懂得生活。对生活的境遇有所创造，必须以现在生活为准而加以扩充。年轻的小伙子，可以在建筑的绘画一面，甚或雕刻的一面做得很出色，却不可能成为一个成熟的建筑家；怀有标新立异、哗众取宠的心思而大玩花样的人，不可能成为伟大的建筑家。真正的建筑，因为自生活的体验开始，所以它的深度要反映在生活的智慧上。

很抱歉，读者朋友们一定觉得我在故弄玄虚。我知道这样说容易使读者入睡，但我不得不说。因为一座漂亮的房子并不一定是了不起的建筑。一栋华丽的高层公寓与一栋昂贵的办公大楼无异，不论建造得多漂亮、多考究，总不能成为一种艺术，因为它的创造并没有包括生活的想象力在内。

这是建筑业容易混淆之处。我们大部分的建筑活动虽然都可以视为艺术的活动，但我们没有把建筑当空间来看，而是把它当楼地板面积来看。因此建筑业的任务就是提供楼地板为商品，以坪数来出售。

言归正传。这样一种建筑，要具备怎样的条件才能学好呢？

学建筑的特殊性向

建筑所需要的特殊的性向有两点，第一点是对三度空间构想的能力。建筑既是一种空间的艺术，又不能用绘画常用的试误法，只好靠想象力来完成设计。这一点原是很困难的，要很多经验才能把想象与事实联结在一起。要经过长期的训练。但在常人之中确有不少是具备这种天分的。

我们看到有很多绝顶聪明的人，在科学上有惊人的成就，但他们观察或理解事物的方式，不通过三度空间。这种人若学建筑，一定专在电子计算机上动脑筋，只想把建筑的设计电脑程式化。他们会把建筑僵化，驱走艺术的灵智。因为建筑的一切高贵品质，都是综合在三度空间之中的。

三度空间的构想帮助科学家把遗传基因 DNA 的构造勾画出来，解决了多年来生命的奥秘。建筑就是属于非用三向度构想不能解决的问题。具有这种性向的人，喜欢用图形代替文字叙述与数学公式。在数学中特别喜欢几何学，在图形中，很容易看出立体的关系。一个圆圈对这种人可以想象为一个球体，也毫不困难地想象为一个圆柱体。若圆圈中加一个点，他的想象就更加丰富了。

学建筑所需要的第二点艺术性倾向，就是创造性性向。建筑虽然也有些典型可供模仿，但大体上说，它是看重创新的艺术。具有这种倾向的人，不轻易接受已有的模式，不轻易屈服于现状，不轻易人云亦云。这种性向习惯上认为是艺术家所特具，实际上，成功的科学家与工程师也必须具备同样的条件。

并不是一切聪明人都是有创造倾向的人。心理学家说，有些人智商高却不一定有创造力。智商可以解释为理解力与记忆力，创造力则是一种综合各种条件，对一问题能推陈出新的能力。这一点，也可经过适当的训练，同样，有些人天生有此天赋，是不必经过长期训练，而是略点即悟的。

在我国，因为传统社会仍有抑制自由思考的问题，所以年轻人具有活泼的创造力的并不太多，有之亦受不到鼓励。就是这个原因，我们的工业设计不发达。设计有关的事业都停留在模仿的阶段。如同国画一样，不是缺乏功力，而是缺乏时代的精神。

一个没有创造倾向的人学了建筑，八成会沦为建筑商人。因为建筑太容易照样抄袭了。失掉了创造的冲动，就失掉了奋斗的勇气，因此就失掉了生命的意义。一个学建筑的人没有了这些，除了设法赚钱以外，怎样再求满足呢？而建筑并不是一个很容易赚钱的行业。

除了这两点之外，建筑家对艺术一般的修养都是必要的。建筑一方面是视觉艺术的一种，仍然要结合绘画、雕刻于一体，同时，建筑也被称为"凝固的音乐"，对时间艺术的韵律与流动感也要包容在里面。有这些牵连，建筑可说是一种综合的艺术，建筑家不能具备广泛的艺术修养，是很难成功的。

这并不表示建筑家应该是画家、雕刻家，甚至是音乐家，但具有艺术家的潜力或鉴赏力是必要的。当他在建筑上有所创造的时候，作为画家的、雕刻家的、音乐家的力量就表现出来了。所以当你面对一个真正伟大的建筑的时候，你感觉到一种内心的震撼，是多向度的，是具时空穿透性的，其感动性绝不是其他艺术所可望其项背。

科技的建筑

建筑并不完全是艺术，这是尽人皆知的事实。大家都知道，在前几年要于毕业后执行建筑师业务，必须通过技师考试。最近大家慢慢明白建筑的不同于土木，但建筑师仍然被一般人以工程师称呼之。到目前为止，据说仍有很多年轻朋友不十分明白土木与建筑之间的分别，在台大土木系中就有不少原来打算学建筑的同学，可见一个错误的观念是不容易短时间中改过来的。

然则建筑还算得上一种科学吗？是的，建筑之为一种科学可以自两方面说。从历史上看，建筑是工程科学的尖兵，自现代的趋势看，建筑是一种空间的科学，让我们分别谈一谈。

先谈工程科学

在古代，不分中外，建筑都是最重要的工程。我国的土木就是建筑，今天居然要分开，是精密分工的结果。在外国，建筑常常是他们全国一致、通力支持的大工程。到文艺复兴以前，建筑可以说是欧洲工程技术的总汇。西洋建筑技术的高点是中世纪的大教堂。他们把石块送到几百英尺的高空，叠砌成精确而美妙的拱顶与尖塔，到今天仍不能不使我们感到惊讶。到文艺复兴时代，欧洲人虽比较注重造型与外观，但因

· 佛罗伦萨的圣母百花大教堂

为大多数教堂都需要一个圆顶，名建筑师必须也是最杰出的工程师。

最有名的例子是佛罗伦萨的圣母百花大教堂。文艺复兴大师布鲁内莱斯基（Filippo Brunelleschi，1377—1446）能够出头，就是因为他有工程师的才能，可以设计出一个大圆顶来。后来罗马的圣彼得教堂，与伦敦的圣保罗教堂的大圆顶，一个证明了米开朗基罗也有工程上的天才，另一个则更是一位数学家，牛顿的同事所设计。欧洲文艺复兴之后，建筑才与工程有逐渐脱离的趋向，但一直到19世纪，现代的钢铁出现以前，还是二而为一的：建筑师是艺术家，也是工程师。

现代科技发展之后，结构与材料都成为专门的科学，有日渐与建筑分离的需要，但是自古以来，建筑的造型与结构工程是分不开的。以西方建筑说，古希腊建筑的精神是楣梁结构的表现；古罗马建筑的精神是拱顶结构的表现；哥特建筑的精神是尖拱与附壁结构的表现；文艺复兴的主要纪念性建筑都依赖圆顶的结构。所以现代建筑要脱离结构与材料完全独立是不可能的。

今天的建筑家不可能同时是工程师。现代分工讲究专精，结构与材料的计算是工程师的专业，建筑的工程科学就不再是纯技术性的学科，而是一种结构学的观念，把力学的现象转变为一种理论，一种思想，运用到建筑的设计上。说起来，这样的科学已经不成为一种科学，可以称之为哲学了。这并不奇怪，一切的科学，升高到智慧的层面，都与哲学相接。换句话说，建筑家所要了解的工程科学实在是超乎技术而为哲学的一部分了。

事实上今天的建筑牵连到很多不同类的工程科学，已经不只限于结构力学了。比如声学、光学对建筑空间的效果有直接的影响，至于照明、排水、空调等纯技术性的知识，更是现代建筑所必要的，然而这些知识，除在常识范围内以外，大多可由专家协助解决。

再谈设计科学

自现代人的观点来看，建筑只是种"居住的机器"。这是已故建筑大师柯布西耶（Le Corbusier，1887—1965）的话；这话并不否定建筑的艺术性，因为柯布西耶也是现代绘画纯粹派的大师。然而不可否认的，把建筑看作机器，是相当具有启发力的。柯氏受到很多人的批评，说他太过冷酷，批评者们都忽视了这个观念中的重要的一环，那就是"居住的"这个形容词。"居住的机器"说明建筑为一种现代工业的产品，是为人类居住所使用的。牵连到人类的生活，这机器自然就被软化了。要了解怎样制造一部优良的"居住的机器"，必须先了解"人"及他怎样生活，怎样生活得舒适、快乐。建筑的设计科学从这里开始，就十分复杂，十分有趣，而且非常多彩多姿了。

但是了解"人"，有哲学的层面，亦有科学的层面。现代是科学当令的时代，大家不再翻圣贤之书去找答案了。现代人要从所谓行为科学中去寻找"人"的真义。这是近二十年来的观念，柯布西耶当年是想不到的。行为科学是指文化人类学、心理学与社会学。建筑的设计科学中要了解环境与人类行为的关系。

所谓环境与行为的关系，简单地说，可以用目前已经大众化了的，丘吉尔的一句格言来说明。那就是："人创造了环境，环境塑造了人。"听上去很有道理，但科学要求精确，单单有道理是不够的，科学要找出人与环境之间的通则，这就非从人性中发掘不可。所以这一学问也可以叫作"人性空间的科学"。

什么是"人性空间"？因为空间本是没有价值意义的，赋予人的价值后，就把它人性化了。但是这人性化的过程，及如何达到人性化的目的等，就成为建筑行为学中很要紧的学问。举一个很简单的例子来说，为什么有少数的住宅，予人以非常强烈的家庭的感觉，而大多数的公寓只是些公寓呢？其差别大多因为一般的公寓，不管花下多少金钱，只是一些大大小小的房间，而一个家则透出一种家庭的安适、和乐、温馨的气氛，令人产生一种如归的感觉；而家就是经人性化的过程处理的一些房间。这个过程在过去只依赖艺术家的直感，到今天，则是可分析、讨论的科学了。

　　说得更清楚一点：有些人家的客厅，摆了舒服的欧洲式家具，墙上装金镶玉，气派很大，但你坐下来，只觉待不住，与主人说话也觉不易说清楚，一切的感受就是要赶快离去。即使主人非常亲切也使你坐立不安。遇到这种情形就是客厅的空间的安排产生了一种驱逐的力量。反过来说，有些人家的客厅，也许沙发不够软，也没有长毛地毯，但却可以使人轻松愉快地谈天说地，一坐下来就不愿意移动。这种情形就是空间的安排产生了一种安适的力量，一种心理上的吸引力。

　　这个力量怎么来的？首先要研究空间的心理学，研究人的心理对空间的反应。这是一门很有趣的学问，因为空间可以引发各种情绪。现代电影的空间效果常常利用这种心理，制造特殊气氛。其次要研究社会学有关的知识，因为我们使用空间很少由一个人唱独角戏。社会学告诉我们团体活动的关系，空间有什么决定性的影响。比如说，同样的空间，主人的座位不同，空间予客人的感觉就大大改变。我们中国人在古代就讲究礼仪，常以空间来尊崇一位客人，也常用来侮辱一位客人。

· 没有围墙的美国住宅

　　在团体社会的心理上，建筑家有很多值得学习的。比如英国的下议院，相对的两党的座席是相对立的。因此容易划清界限，分辨你我，理直气壮地反对。如果大家都坐同一方向，面对主席，就有大家一家人、有事好商量之感，比较不容易面红耳赤地相争。因为没有"群"的心理支持，气势就大大地削减。大家最容易经验到的群众现象是商店的位置，有些店生意鼎盛，有些则门可罗雀，与交通固然有关，心理之影响更大。

　　近来的建筑行为学非常注重文化人类学的发现。我们知道人类对空间的心理反应，对社会群的空间关系大概是"置之四海而皆准"的，但也有些现象使我们发现世上各民族的人民对空间有不同的反应。我们已知道各民族对空间有完全不同的看法与不同的要求，如果不加以深刻的了解，常常不能为当地居民所接受。就是因为这个缘故，到外国去学了建筑，回国来就觉大家都不能接纳。这不一定是程度的问题，也许是民族性的问题。

每一个民族都有自己的传统，有自己的喜好，有自己的价值观念。有关象征的部分我们另文讨论，这里举几个明显的例子供各位参考。

有一位外国学者研究不同的民族对空间距离的看法。他发现有些民族如英、美与北欧，人与人之间需要很大的距离，而另外的民族如拉丁人，则所需空间较小。这就是说，除非是非常亲近的人如夫妇，对英美的人士而言，不喜欢"促膝而谈"的关系。对于拉丁人，如不能牵手拉臂就不够朋友了。这就是客厅设计时要注意的地方。对于我们中国人，他没有什么研究。但我们自己可以观察比较得很明白。

举例说，中国人的住宅喜欢建围墙。去过美国的朋友常希望建造一个没有围墙的住宅区，总不能成功。因为住户会很快地加上去。这不是治安问题，因为美国的治安不比我们高明，这是民族性的问题。用一句行为学的术语来说，我们中国人的"领域感"比较强，如果不在围墙之内，我们无法安眠。也是因为这个原因，我们中国人把围墙看作唯一的领域的界限，如果不设围墙，我们就不承认这一家所有院落主权的存在，会很自然地侵入。所以我常说，中国人是砌墙的民族。

类似的例子很多，不再多述。重要的是，建筑之学与民族行为学很难分得开，为空间的设计带来很多有趣味、有深度的层面。今天建筑在科学的研究上有很广阔的天地，不能只限于所谓艺术的创造，只注意造型的美观。在若干年前，我回台主持东海大学建筑系时，就在课程中增添了一门"建筑的行为因素"，就是希望修习建筑的年轻朋友了解行为科学为建筑带来的深度，可惜这些年来大家都不太注意这方面的研究，受社会上对表面性的建筑大量需要的影响，大家都急着去赚钱了。

谈造型

作为建筑圈里的人，最怕有人告诉我，某某建筑美观，某某建筑不美观。更怕有人问我："你看这座建筑是不是美观？"对于比较熟悉的朋友，我常不客气地向他们表示不耐烦。他们却也常不客气地反唇相讥："你们搞建筑的，不讲求美观，还讲什么呢？"

　　我不愿意谈美观问题，倒不是完全因为建筑是一种深奥的学问，美观不过是建筑的表层，同时更因为建筑是一种社会的艺术，用美观与否来判断建筑的价值，太容易发生偏差。坦白地说，我听到有人板起面孔谈论建筑是否美观，常忍不住发笑。因为美观实在是很肤浅的字眼，不能很严肃地谈论的。

　　何以言之？"美观"并不是日常用语，它是我们常说的"漂亮"的庄重语，相当于英文中的 pretty。但是我们说到某某人或物很"漂亮"，语意中多少带点诙谐的成分，是以叙述个人的意见为主，别人不同意也就算了。说到"美观"，似乎就是认真的评断，几乎要为之盖棺定论了。谈"美"而不涉及主观的成分是很困难的，所以我比较喜欢听到"漂亮"的赞语，或直截了当地说："很讨人喜欢。"

　　近几年来，民众对建筑发生莫大的兴趣，而兴趣的所在常常就是外观，用建筑的术语来说，就是造型。大家喜欢看到"美的造型"。这原无可厚非。但由于"美"没有一个简单的定义，所以这种对"美"

的普遍的渴求，不幸造成今天建筑的大混乱。这真是建筑艺术所遭遇的无妄之灾！

一种社会性艺术

建筑确实是一种造型艺术（plastic art），但与绘画、雕刻不同的，它也是社会性艺术。凡是社会性的艺术，在创作上就对社会负有责任。易言之，就不可能是完全表现的艺术。美术中的绘画，几乎完全是个人主义社会的艺术，不论是画家或收藏家，均可以个人的立场来创作与欣赏，不必牵连到别人。但建筑却完全相反。大部分的建筑都是众人所使用，而这些使用人常常并不固定。公共建筑每天有成千上万的人进出其间，大多数人只使用很短的时间。即使是个人的住宅，除非属于世界上最孤独的人，总免不了有些客人来访，所以客厅是任何住宅中最重要的一部分。

在造型上，这个性质就更明显了，一座建筑的外观，不论其主人同意与否，是世人都可以欣赏得到的。换句话说，即使主人不同意进入室内，外观却自然对一般社会大众造成影响，而根据我个人的了解，世上并没有一位爱好建筑的有钱人是不好客的，凡不好客的人多不着意于讲究建筑的精美。所不同的，他们所喜欢的客人属于某一阶层，不是广大的群众。

由于这样强烈的社会性的缘故，一位建筑家及他的委托人除了要解决他们自己的问题，设计一座他们双方满意的建筑外，有责任考虑到对大众的影响。所以画家可以画断了头的、歪鼻子斜眼的女人，仍因为惊世骇俗而成为大艺术家，建筑家却没有权利这样做。走进纽约的现代艺术博物馆，可看到现代画家眼中的人类与世界，真是无奇不有，现代画家的创作幅度是无限的，完全看艺术家的天才。成功的作品挂在博物馆里，供爱好艺术的人参观，部分的市民终生都不进去一次。如果建筑家设计一座建筑，呈现出即将倾塌的样子，即使在工程上绝对安全，却使大街上的居民与行人感到惊心动魄，而避之唯恐不及，甚至使胆小的人惊出心脏病来，这位建筑家也许可以成名，但它所造成的心理灾害是大家所不能忍受的。

近来有少数美国的建筑家，希望以画家的方式从事设计，在上面提的现代艺术博物馆中展出作品，打算以画家的办法出卖，事实上有少数建筑家从事非常自由的创作，但都没有引起大众的注意。

写到这里，我希望读者朋友们可以看出社会性的造型艺术应有的特点及它的矛盾所在。这一矛盾使建筑家忍受很大的痛楚，但也感受到大众社会与工业文明的冲击，对现代文明有更深切的了解。这些矛盾是：

（一）大众品评标准与艺术创作水准的矛盾。

（二）社会需要和谐与艺术独特表现的矛盾。

（三）委托人的商业性的要求与历史责任感的矛盾。

综合这三点矛盾，我们可以看出问题的核心是，建筑家所服务的社会大众，也就是建筑的"敌人"。用一个比喻，你衷心地爱一个人，他却随意给你痛苦。这就是认真的建筑家的处境。

然而真正认真的建筑家必须面对这些矛盾，而完成他的任务。他必须不卑不亢，不坚持己见，却也不迁就大众。优秀的建筑家永远是一位合格的政治家。这种态度在建筑的造型原则上有怎样的影响呢？

造型的原则

第一，重温和的风度，避免过分个人的表现。建筑并非不能表现，而是比较适合温文优雅的风度，使大众面对它的时候，眼睛一亮，然而有如沐春风的感受。用女孩子来比喻，理想的大众建筑，好比风度雍容大方、典雅好礼的女性，而不是美色艳丽、撒娇弄俏的女性。根据这个原则，最理想的都市建筑的造型，并不是争奇斗艳，而是能够合群的，使大家乐于亲近的，而其美感在于合情合理，耐得住长久的体验，而非一时激动的反响的。

建筑的美，以和为贵，因为都市的建筑，如同一个交响乐团，是合奏，不是独奏。在乐团中的小提琴家，虽有独立艺术家的身份，但其职责是配合全体团员的行动，个人有好的表演，同时大家都有好的表演。

尤其是市区中的一般性的建筑，必须甘于做背景。因为城市等于一出戏，有主角有配角。商店、公寓、办公室等建筑都是配角，议会大厦、市政大楼、教堂、音乐厅等公共建筑是主角。做配角的建筑必须朴实无华，与世无争，以适当的权衡为美，以合理的表现为美。即使是担任主角的建筑，也以上文所说的温文典雅为上。

这样的原则就是要约制建筑家个人表现的欲望，及委托人所希望拥有的独特造型，取得一种双方都可接受的、无太多表现、不至于使双方太过失望的妥协，也正符合了社会大众的利益。因为大众的趣味是平均的，是中庸的，因此中庸之道就是建筑家创作所必须了解的道理。

第二，重视建筑表现上的语言性。这话怎么解释呢？建筑造型上既然不可以乱出花样，则造型上的任何花样就必须带有某种意义。换

· 音乐厅等公共建筑是城市的主角。贝聿铭设计的美国达拉斯音乐厅（1989）

言之，建筑的造型包含了很多象征，大众可以从这些象征中感受到建筑所要传达的意义。意义表达得越丰富、越正确，建筑的造型就越成功。这不是单纯谈美观所能了解的。

比如有些建筑为了美观，在墙上砌了一幅画。不论这画是美是丑，都使得建筑沦为画架，建筑本身就没有表达什么了。一幅好画不能使建筑造型成功，一幅劣画却可完全破坏建筑的造型。若干建筑上作了说明性的浮雕，如体育馆上雕了打球的运动员，游泳池上画了游泳的人。这是幼稚性的表现方法，等于指着一位运动员说"你是运动员"一样的没有意义。建筑的表现方法，是不必加以文学或图画的解说，一望而知是一座良好的运动场，或是一座文化中心！

建筑怎样用抽象的手法表达出意义来呢？这是心理的与人类经验的结合，有些建筑虽然体积庞大，却令人感觉亲切，好像欢迎我们进去；有些建筑冷冰冰的，拒人于千里之外。在造型的语言上表达出来的，比挂牌子还要有效力。比如老式的银行都属于冰冷可怕的一型，今天的银行则大有改变了。说起来很简单，建筑语言表情的改变不过是开窗开门的方式改变而已。你也许觉得这说法太过简单，可是一个人的面孔所表现的笑容与怒容究竟要在五官上有多大的变化呢？有时不过是眉毛一收一放的动作而已。

再说建筑语言的表现，乃是在感受上求沟通，不必要诉诸肤浅的商业招牌式的手法。如果建筑家充分掌握了抽象的语言，应该可以满足大众的要求，取得双方观点上的妥协。

建筑是一个时代具体的象征，它说出当时社会上形形色色的一些故事。建筑家通过对象征的了解，可以观察人生百相，同时，也可以利用这种象征去表达心意。在都市公寓的阳台上所装的铁栅栏，可看出市井小民的不安全感，反映社会偷窃之风流行，道出市民对建筑外观的漠视；而栅栏突出于墙外，可见大家自私自利，侵及公共空间；搁板上的花盆滴水，危及行人，却也可以看出小市民们有欣赏花草的雅兴及闲暇。

一个负责任的建筑师，如果这样细心地去观察建筑，就可以感到一种生命的悸动。街上所见的一点一滴都是一些令人感动的故事，建筑家的责任不过是代表广大的群众述说更细腻的故事而已。一位严肃的建筑家哪里有心情去谈"漂亮"，哪里有兴致去论"美观"呢？

然而这个社会仍然以通俗的观点对建筑家施加压力。建筑师或为求生存，或为求名利，不得不阿世附俗，处心积虑地"造型"，使眼前的世界呈现一片混乱。我住家的附近有几幢二楼住宅，五颜六色，几乎是材料展览。大街上放眼看去，颇多建筑搔首弄姿，庸俗不堪。

所以我常常对年轻的朋友们说，要提高建筑环境的品质，要忘掉建筑的造型才好；要使我们的建筑走上常规，要绝口不谈建筑的"美观"才好！试想今天的青年们所喜爱的传统建筑，当年的匠师们何尝知道"造型"，何尝知道"美观"？他们不过是依着传统的建筑"语言"，忠实地"述说"一番而已。

为建筑看相

通常我们看建筑的外表，是看它的造型。用今天的说法，我们的兴趣主要在造型美上。然而建筑物有没有"相貌"呢？

听上去好像很荒唐。相貌是指人而言，怎能用在建筑物上？其实不然。我国古代看建筑，特别是看住宅，不用"造型"这种字眼，当然除了"富丽堂皇"之类的话之外，也不懂得"美"字。令人所想不到的是，当时确实看房子的"相貌"。

"造型"与"相貌"有什么不同？

"造型"是一个设计学上的用语。传统的说法，造型的目的在于美观。现代的说法，造型的目的在于表现。不管是为美观，还是为表现，造型有强烈的人为的意味。我们常说某某演员的扮相如何，这扮相虽然是人的相貌，却因为人工的意味很重，就有造型的意思。

"相貌"是一个人间的字眼。它不仅指造型，而且有美观之外的兴味。我们说某人的相貌如何，常常指出的不是美丑的评价，而是带有道德性的意味的。我们说某人一副凶相，是指他很不友善；说某人一副哭相，是指他予人不愉快之感；说某人福泰相，是指他温和、近人。一个很美的面孔，很可能是有一副不甚讨人喜欢的相貌。对于这一代的年轻人可能是很难想象的。

在传统的社会中，与人相处很重相貌。所以面相虽不是每人都懂的，却是每人都考虑的。据说现代中国的企业界领袖用人都经过面相。有人说军政界的领袖也很重视部属的相貌。我的一位长辈，对我谆谆告诫，用人时要重视相貌。虽然我们古人有一句非常理智的话："人不可貌相，海水不可斗量"，告诫我们不可以貌取士，但相貌的影响显然非常重大。在过去，常有一个漂亮的媳妇却不受婆家喜欢的情形。一个眉目清秀而五官细巧的女孩子，十分讨人喜欢，却常被视为薄命相，会危及家人的事业及安全。甚焉者，若被目为克夫相，就更严重了。

说到这里，似乎已经涉及迷信了。不错，谈相貌而不涉及一点迷信是不可能的。而所谓"迷信"，实在是一个民族长久以来发展出的价值观念。自人类学的观点看，这些价值观念就是一个民族的文化特色。它不一定是合理的，顶多属于经验累积成的武断的结论，但却是根深蒂固，形成民族性的一部分。所以在传统的社会里，生就某种相貌是很不幸的，因此造成了不少人间的悲剧。"相貌"在人世中是具有相当悲剧色彩的观念。

房屋是人体的延展

这与建筑有什么关系呢？

在传统的社会里，建筑的造型也不是用抽象美的观点去衡量的。看建筑，要从民族的价值感着眼。我在前文中曾提到，把"美"自社会这种形相价值中孤立出来是现代一百年来的事，是西方社会合理主义精神发展的结果，在其他民族中并不通行。近些年来，我国西化之风日盛，所以才听到大家谈造型美，然而谈到纯粹美，有多少人真正有此修养？大家口头上所乐谈的美，常常不自觉地带有传统文化中的价值观，而这种价值观简单说来就是宅相：建筑的相貌。

说起来好像很"玄"，建筑如何有相貌、有表情？其实不然。"相貌"是一种主观的反应，是观众对所见人物形貌的一种解释。如果一个社会中，大多数人对某一形状有同样的反应，就形成一种约束。这时候，不但观众们有某种看法，即使房主也受影响，建屋时受到这种观点的制约。用现代的话来说，"房屋是人体的延展"，一切人的造物，都是自己思想观念的实现，都是一种传达信息的媒体。对于精于观察的人，自你的表情、行动、衣着、房屋上都可以透视你的内心。听上去似乎毫无秘密可言的，事实确是如此。

我国传统上，房屋的相貌与风水的讲求有关。这倒不一定都与风水的迷信有关，如前所述，迷信不过是肯定既有社会价值的一种工具而已。在过去，风水有很多派别，风水先生们几乎各有各的说法。所以风水也有纯耽于迷信的下流社会的风水，有与知识分子可以沟通的高级的风水，事实上"宅相"这个名词，就是风水家喜欢使用的。自汉代以来，我国就有相宅之术。而高级的风水家，一直把宅相与社会价值观相提并论。

举例来说，你看到一座住宅，大门开在一边，而且是斜着的，而上面开窗也没有太多的规矩，大小不一，位置不定，没有秩序的感觉。自审美的角度看，是一座很不匀称、很不雅观的建筑。你大概可以推测这位主人相当迷信，而建筑的相貌是由一位术士来决定的。但是这是否代表好的风水呢？

名士派的风水就不是这样说的，他们认为宅相与人一样要很端正，要很庄重，所谓"端正周方斯为美"。试想一座住宅，大门如同人之口，人之口正，便于呼吸饮食，屋之门正，便于顺纳堂气，便于人物出入。

如果歪嘴斜眼，成什么相貌，哪有吉利的道理？

中国人喜欢的建筑相貌，与人一样，要很方正，很匀称。对于有气派的人家，门面要很高大，很庄严。我们很讲究面子，大门就是我们的面子，所以一家的大门代表他们的地位。对贫贱的人家，我们称之为"小门小户"，对于有地位的人，我们称之为"大户人家"，发迹的后代，是光大祖先的门楣，可看出门面的重要。直到今天，我们已不住传统的院落，改住公寓房子，大家还念念不忘"门面"，在三坪大的院子外面，修座不太配衬的大门。我们可以在这些大门上，看出主人的嘴脸，他们的相貌与表情。

西方文化中，自然以文艺复兴以后的建筑比较讲究相貌。在 20 世纪以前，市民建筑也很在乎端正气派。这是因为文艺复兴思想中带有人文主义成分的缘故。其实严格地说，中国建筑因属一层院落，相貌不易掌握，西方建筑形相明确，反而容易判断其相貌。

为便于读者们了解，我们试以日本人在台湾所建造的西式建筑为例子来看。老实说，日据时期虽留了很多建筑，却没有真正有价值的。以台中市的市政府与市党部的建筑来看：市政府大厦显得畏缩，缺乏舒展的公共建筑的气度。自相貌上看，似过琐碎，不够大方。这种毛病在台北"监察院"的建筑上也看得出来。圆顶原是一种庄重的象征，但落在局促的姿态之上，就显不出雍容华贵的风度了。日本是一个心胸很狭小的民族，所以在 19、20 世纪之间，模仿西方折中主义建筑（即文艺复兴建筑的末流）·的时候，虽刻意摹写其细节，在规模上就拓展不开，时时显出猥琐的样子。这不仅在台湾所建规模较小的建筑是如此，在日本也找不出什么可与欧西相较的作品。至于市党部的建筑更加狭隘，显得眉目不清，徒具圆顶的形式了。

"相貌"与建筑的大小没有太大的关系，比如当年的总督府，虽然规模庞大，还是显得局促，气量不大，门面不广，塔楼尖高奇巧有余，气度不足，看不出将相的风骨与胸襟，只予人以大而无当的感觉。

　　中国的民族性崇尚开敞豪放，所以对建筑的形相热爱大方而雄伟。照说光复后台湾的公共建筑应大有改进，不幸建筑界的朋友们没有揣摩出这番道理，就以中山楼来说，就予人眉目集在一起的感觉，心胸不够开朗、壮阔。谈到这里，我很希望有兴趣的读者比较一下近年新建的规模庞大的台中孔庙，与保存下来的清朝的彰化孔庙。依我的浅见，台中孔庙的大成门体躯大而器量小，不及彰化远甚。当然，读建筑的相貌与人相一样，除了雍容大度以外，有各种形态。有清秀的，有灵巧的，有高古的，有憨实的。今天的住宅建筑多半希望走秀、巧的路线。但若不经意，就容易落为轻佻、浮薄。最常见的例子是建设公司的作品，山坡地上的所谓别墅。有些小"巧"的房子，看上去近"俏"了。巧是以聪慧取胜的感觉，俏是以轻薄讨好的味道。前者雅，后者就俗了。少数的建筑亦有走高古而憨实路线的。那就是以原始与乡野的面貌出现，使用粗糙的材料、稚拙的工法。然而这样的面貌，若不留神，就见虚伪、愚笨。台北近郊有些私人建造的住宅有很多这样的例子。一眼看去，就觉内藏机巧，外表装出一副憨相，以自欺欺人。

　　在我所住的这一个角落，有很多前几年建造的独户住宅，显露出一副殷实商人的傻相。他们想弄机巧而成拙，附风雅而入俗。建筑的表情尴尬，面带苦笑，似不知如何措手足。我在附近散步，琢磨这些房子的意味，觉得十分有趣的。因为它们忠实反映了房主艰苦奋斗的事迹。建筑原来就是一些人间悲喜的证物。

　　请读者原谅我在故弄玄虚。我确实觉得把建筑看作一种造型艺术

· 彰化孔庙戟门

· 台中孔庙大成殿（1973）

是不够的，也是无味的。建筑先是人生的戏剧，然后才是视觉美的造物。用"相貌"来代替造型的观念，对于一般读者，更容易以拟人的想象去透视钢骨水泥、红墙绿瓦后面的人生。

　　而且这是外行人看建筑的办法。我是最不相信专业观点的建筑师，也希望我的学生能透过外行人的眼光观察建筑。为建筑看相，就是笼统、完整、哲理地看建筑。我希望不论行内行外，大家都以一种幽默感去看这个世界，看形形色色的建筑；都能若有所感而会心一笑。

「三」与建筑造型

说过建筑的"相貌"后，觉得对读者有些抱歉。因为抽象地谈"相"，确实有点空洞。对建筑没有深刻了解的人，读了只感到抓不着边际。为了表示歉意，这次要具体地谈一点造型上的判读方法。

　　说得通俗些，我要谈一点建筑欣赏的原则。这真是不得已，因为我教建筑很多年，从没有与学生谈欣赏。在现代艺术思想中，欣赏就是发掘；把艺术品的思想与内涵当作挖不尽的矿藏去发掘才是正道，不能用一定的准则去衡量。凡是欣赏的原则，一定是落伍的、陈旧的、教条的，故步自封的。这些原则通常会阻碍创新，构成保守的阵线，而伟大的艺术家的使命之一，就是突破这些顽固的阵线。所以我虽知道一些欣赏的原则，在课堂上从不泄漏，以免戕害创造的年轻的心灵。

　　所以我在这里改称欣赏原则为判读方法。我不得已在此举例说明，但仍不愿读者认定为不移的法则，判读的过程是先读后判。读乃求理解，理解之后下一判断，就不至于过分固执成见。这样一来，所举的例子，就只代表某种思想的理路，可以不必视为教条了。

　　我举的例子，是"三"与建筑造型的关系。

　　人类对于数字常常有某种程度的迷信。在混沌新开的时代，先民们发现了数字，就用一种神奇的眼光来观察数字，所以数字与神意相通。到后来，哲学家们又把数字拿来推演，用以沟通天人。我国古代的《易经》，乃至与《易》相关的河图、洛书等说，都是在这种情形下发展出来的。我国数字魔术的哲学经过宋儒大力推演，一直到西方科学来临前，是支配着读书人的思想的。

我国对于数字推演，根据河图，非常重视"五"与"十"，并把这两个数字看作宇宙生生不息的根源。这是有道理的，试想我们伸手就见五指，双手并合就是十指，如果没有一套绝对的道理，何以至此？

宋儒释卦，对于"二"颇有兴趣。在拙译《文明的跃升》中，布诺罗斯基（Jacob Bronswski，1908—1974）曾提到"二"是一个神秘的数字：一男一女的结合，就是新生命的开始。邵雍说，"一分为二，二分为四，四分为八也"。好像是废话，其实他指的是太极而两仪，而四象，而八卦。其间的关系是二的倍数，所以二是生命之源。在我国，二，就是阴阳。两性相吸，是生之戏剧的开始，万物因而化育，岂有不为之赞叹、讴歌的吗！

然而在空间艺术上，五、十、二，都不太重要。重要的是"三"。其中的道理值得认真地研究，可以写一篇博士论文。我发现这样的区别，但未曾深究，只觉得在传统建筑的造型上，"三"实在是最高的秩序的原则。

在《周礼·冬官考工记》上说："匠人营国，方九里，旁三门，国中九经九纬，经涂九轨。"这国字就是首府的意思。建造一座城市，竟处处都用九数，是很有趣的。当然，九是单位数字之极，为帝王专用之数，但最重要的，九乃是三三之数。在同一段文字，说到周明堂的时候，"内有九室，九嫔居之，外有九室，九卿朝焉，九分其国，以为九分，九卿治之"。原来当时帝王的小老婆的人数，与大臣的人数，都与明堂建

· "三"与建筑有密切的关系

筑的空间、都城分划的空间有如此密切的关系。

为什么说九是三三之数呢？因为在平面空间上的九，就是四边都出现三的意思。那就是井字。据说周代通行井田制，每块地均分成九块，八户各一块，中为公田。这与洛书九数成井字排列的意思是一样的。所以分析起来，在平面空间上为九，在视觉空间上是三。

读者一定觉得我说得太玄了，其实不然，我上引《考工记》上的话，全用九数，只有一句"旁三门"用三。而也只有旁三门指在一个面上出现的数，就是我们看到的数。同理，明堂的九室，在平面上看大概是井字形，在四周看，每面都是三室。三室对我们而言，就很明白了，因为我国自古以来的住宅建筑，就以"三间房子"为基础。今天汉砖的画可以证明。

我们相信井字形的组织是人类空间观念中非常重要的架构。空间是没有架构的，这架构存乎人心，人生存于空间中，仰观为天，俯察为地，人在其中，有天、地、人三灵的观念，在空间上则有非常明确的上、中、下的三位观。同样的道理，人类耳目之聪，对空间的觉悟，四方、八面，人居其中，就自然产生了前、中、后，左、中、右的观念。总合起来说，这就是井字，宇宙也许是无限的，但我所觉察者，无不在此架构之内。这一点与时间的架构类似，即过去、现在、未来。

有了这一看法，可知三与二、五等不同，它是人所创造出的数字，最具有人性，而且反映人的形象。这话怎么说呢？

人体有主体与肢体，左右对称，两目平视。这就具备了以中央为主、左右为辅的三字形象，寻求主从的关系是人性的一部分，是人类社会组织的法则。符合这个法则，人就觉得很舒畅、顺遂。如果我们的住宅单元不是三间，而是四间，我们站在它的面前，会感觉困惑而手足无措，我们不知道要自左边或是右边进去。在形象上，双数是很奇怪的连体婴。它不能表现主从，因此使我们无所适从；它造成偏颇，使我们失去均衡感。

这种观念虽然存在于一切原始民族中，却要在古老文明中形成一种知性、感性并具的文化形态。因为文明是人类知性价值的肯定。所以在建筑上，埃及、巴比伦、中国、印度，甚至后来的伊斯兰教与欧洲文明，无不在某种程度上肯定了"三"字的优越性。只是越为人本主义的文明，越为彻底而已。在这方面，我国无疑地居于首位。

以三开间来说，欧洲自古典的希腊、罗马，到中世纪的宗教建筑，虽然在精神上与我们完全不同，但却同样固守一主二从的观念。在古典时代，三间的室内空间被包在柱廊里，显不出来，到了中世纪，哥特式大教堂就开了三座门，主从关系非常分明了。

大体说起来，在建筑上，考虑左右关系的比较普遍，考虑上下关系的较少，这是因为只有相当彻底的人文主义的宇宙观，才能产生明确的井字空间架构。在神权支配的文明中，也许可以勉强接受水平的三段组合，在垂直方面，是不配做此妄想的。

只有古希腊与古中国，在西元以前就发展出垂直的三段组合，那就是上为屋顶，下为台阶，中为柱廊。这是建筑造型中最匀称、最中和、最安详的，而且也最符合居住环境的需要。在神权发展的其他文明，或古典文明沦落的中古欧洲，这样的组合是不存在的。欧洲哥特时代以前，建筑的秩序是很自然的，随意的，浑然一体的，看不出有什么组织，予人胎儿尚未成形、肢体尚不分明的感觉。到哥特的天主堂，人世的趣味渐趋浓厚，造型的组织日见清晰。

哥特天主堂中充满了三数。原因之一可能是基督教义中，有很多三的象征，已反映了人性，如三位一体。在耶稣被钉十字架的时候，左右各有一罪犯，陪他受刑，成为中古绘画中常见的题材，但它反映人性空间，照我的看法，与流行于我国民间的福禄寿三星的组合，有异曲同工之妙。

成熟的哥特教堂是井字的外观，正中为一圆形玫瑰窗。但尚不是人文主义的建筑。因为它的垂直三段，尚不能反映天、地、人的观念。它的下段为开口，反映了以上方为重的看法。然而它的水平三段已经十分完整了，暗示市民时代的来临。

一直到文艺复兴时代，欧洲人才找回了垂直三段的观察。那时候人文的思潮浓厚，以人为中心的观念得到肯定，他们很容易接受了哥特后期发展出的水平三段式，与古典垂直三段合并。在观念上，他们完成了井字的空间架构，到16、17世纪，米开朗基罗设计圣彼得教堂及罗马市政厅时已经完全成熟了。市政厅的垂直分段，在中央为高大

· 成熟的哥特教堂是井字的外观，正中为一圆形玫瑰窗

· 西方文艺复兴时代垂直三段式的教堂

· 故宫太和殿的三段式造型

的柱列，下为崇高的台基，上为厚重的屋檐。在水平方面，中央部分的装饰为方柱排列，两翼则为扁方柱略突出，配衬的格局十分明显。对中国人来说，味道还不太够。因为我们的太和殿，上、下两部分十分厚重，中央代表人的部分较轻，就显得特别威严。

这种组合当然并不是完全受不到挑战。欧洲自 17 世纪以后的建筑，有各种不同的尝试，受一阵阵风潮的影响，但最正宗的建筑，还是在这三字支配下的作品。尤其是官殿，大多是三层，进口处三个门洞，他们虽不能完全依照台基、屋顶、柱廊等三段的公式，至少做出上中下三段的样子。最下面一层虽非台基，却有台基的味道，开很小的窗子，用粗石砌成。最上边的一层虽非屋顶，却做出屋檐的样子，好像阁楼。而中间则为柱廊，为建筑的主体。法国的凡尔赛宫就是如此。有时二层的建筑，同样用第一层作为台基，第二层作为柱廊，加上一个屋顶。卢浮宫面东的一翼就是这样设计的。

这类的官殿，因为面宽甚大，大多于两端处略为突出，与中央的进口，形成一种山字组合。日本人当年在台北所建总督府，也是这样设计的，我们推想这种造型与我国古代的明堂在观念上相当接近。

现代建筑是对传统造型的一种革命，本来是反人文主义的，所以三段式或三开间的造型就被扬弃了。但也不尽然。美国的芝加哥学派就常常不忘记这样的公式，我们曾介绍过的弗兰克·莱特（Frank Lloyd Wright，1867—1959），其住宅建筑的造型，很接近中国建筑的观念，常常在一个广大台基上建筑一排柱子，上面戴着一个厚重的屋顶。而他的老师沙利文（Louis Henry Sullivan，1856—1924），在设计摩天大楼的时候，就把近地面的一、二层做成台基状，中间是十数层的办公室，最上层戴着一个华丽的帽子。这种做法到今天仍常见到，比如台

· 恪遵三段公式的欧洲建筑

北市中山北路的嘉新大楼，还是这样设计的。

　　与读者谈这些有什么用呢？在于以实例说明这一种造型的意义，希望读者自理解而判断，自判断而欣赏。在此，虽无法详述三字造型中的评鉴原则，但读者如果能了解三字与人类的身体构造与宇宙观的关系，有些原则可以自己揣摩出来。

　　同时，三字虽然简单，却是千变万化的，盖上下左右的比例分配略为不同，意味就完全不同，比如在居住建筑中，宜以中段为主，在比较严肃的建筑中，中段不宜超过二分之一。若为极具纪念性之建筑，则中段不宜超过三分之一。下段宜坚实，有稳固感，上段较轻，但亦宜有重量感，表达地心引力，中段则具有肩负上部重量，以及顶天立地的气魄。明乎此，对传统建筑形式的品味，就可触类旁通了。

建筑的色彩

多年前，我常听到建筑界内外一些关心台北市容的朋友，慨叹台北市灰暗的色调，好像中国人把建筑的色彩忘掉了。当时颇有人以为当色彩活泼起来以后，台北市的市容就大为改观，成为一座美丽的都市。这些年来，建筑界果然受到色彩论者的鼓舞，建造出不少五颜六色的房子来，今天的台北果然已经"美轮美奂"了吗？这是很值得讨论的。

建筑的色彩有两类

其实世上的物没有不具色彩的。我们只能说，有些是不显眼的色彩，有些是醒目的色彩。所以画家面对着景物，总能看出五彩缤纷的色调。不显眼的色彩，就是色调很复杂，很灰暗，因此性质趋于中和的色彩。在大自然的景物中，十之八九都是这一类，因此我们可以称之为自然色。显眼的色彩，则是由单纯的颜色所组成的，因此在性质上趋于强烈的感受。这类颜色大多是人造的，自从牛顿发现阳光中可以分析出色谱，乃由七种基本色组成后，我们对原色的兴趣更加明显了。由于这些颜色在自然界很难看到，我们可称之为人工色。

读者们也许不同意我的说法，海天是蓝的，树木是绿的，晚霞是红的，大地是黄的，自然界何尝没有为我们准备鲜艳的色彩？这是不错的，但如果你是画家，尝试用色彩表达自然景色时，就知道以上所说的颜色只存在于你的观念之中。自然景物的色感之所以如此优美，所以对我们具有永恒的吸引力，正由于它们是深沉的、含蓄的、多样的、和谐的，而具有无所不包的融合力。海天有蓝色谧静、平和的感觉，然而不是蓝色的；晚霞有红色的炽烈与艳丽的感觉，细分析起来，却不是红色。因此海天的蓝与晚霞的红可以融合为一大的和谐，为一令人一畅胸怀的壮观的景象。你能用调色盘上的红与蓝表达出这样的景色吗？

我说自然界的色彩大多是和谐的、中庸的，并不是说自然界没有纯粹的色彩。最明显的例子是花朵。上帝创造了花朵，乃为平和的自然色谱中，添加一点动人的色调，以破除沉闷的感觉。所以花朵的存在是短暂的，是多变的，在永恒不变的平和的背景上，像幻影一样地闪动着。人类为这些艳丽而飘忽的生命所感动了。所以人类自纯粹色彩中寻求激动与沉醉，自古以来的诗人们都描述下来了。

然而为什么我说纯粹的色彩是人为的呢？因为我们喜爱具有激动性的纯色，而大自然中的纯色又这样的短暂与难得，人类很早就开始寻找自己所喜爱的色彩了，他们利用这些色彩装饰自己。最原始的民族是涂绘在自己身上，后来发明了染织的技术，则使用在衣着上。我国的《周礼》中，对周天子的衣着色彩有所叙述，并定下了色彩的份位。最后才使用在建筑上。

过去传统社会的建筑，使用的材料大多是直接取自大自然，如木材、石材；或自然加工品，如砖材、瓦片。这些材料大多为调和色，所以与自然界的其他景物完全融合在一起，我们走进一座农村，常感

· 白灰壁是中国民间建筑主要的色彩语言

觉它属于大地，就是这个缘故。

但对于这样平凡的住所，人类很早就不感满意了，尤其是具有权势地位的人物。对于人类早期建筑色彩发展的历史大家至今仍不太清楚，但我个人认为，先民们发现白色是重要的。白色好像不是颜色，其实它是最重要、最纯粹的颜色，原来并不常见于自然界中。所以上帝也创造了白色的花朵。白色的重要性，在于使自己突出于灰暗的环境，引起注目，而有纯净高贵的感觉。

中国与希腊是最早发现白色在建筑上具有重要意义的民族。希腊人在西元前五百年就以白色的大理石为最高贵的材料来建筑庙宇，因此开创了西方文化中二千多年的古典传统。我们中国人则于殷代即以"白盛"涂壁，或即今之石灰，可说是最古老的人工建材。因为我国文化发源于黄河流域，主要建材为土，必须用涂面保护，乃促成此项发明。而自殷周至今，白灰壁是我国民间建筑主要的色彩语言。同样是白色，希腊人使用天然材料，我国则使用人工材料。

建筑色彩的功能

自白色出现于建筑之后，其他的纯色就跟着出现了。因为没有白色为底子，其他色彩是显不出来的。

但建筑色彩的出现是为了美观吗？不然，在文化发展的早期，没有审美的观念。即使有一种美感，却也不能单独存在，一切都附着于社会体制中，表达了象征的意义。周朝的制度中，天子丹，诸侯青，大夫绿、士黄，老百姓黑。政府因官阶而设色，并不是为美观而用色的。到了后代，我国的色序有所改变，大约受阴阳五行家的影响。唐代以后，大体均以黄为上，依次为紫、赤、绿、青。在官阶上，用色不得逾越。

我国的建筑最明显地使用象征性色彩的是古代的明堂。据记载，明堂分为若干室，每室的颜色不同，室外所上的彩色亦不同，均按五行方位定色。在历史上记载最清楚的是唐武后所建的明堂。但明堂是很独特的建筑，每代只建一座，而自宋以后就不再建了，其实一般的宫殿与庙宇也有丰富的色彩的象征。台湾的庙宇，不论古老的，还是新建的，均色彩艳丽，有目共睹，不必细说。

但是我国人很早就开始欣赏到建筑色彩的美。我们读汉、晋以来的赋，如"洛阳纸贵"的左思的作品，有很多描写当时都城宫阙的文章。他们花那么多精神写出大家欢喜的文辞，表示当时的文人是为多彩多姿的建筑所感动的，把感受表达出来就是美了。我承认他们借着文章歌功颂德以邀宠也是有的，其记载却很实在。我认为是这些文人的描写引起后世对建筑色彩美的兴趣的。

我国的建筑色彩是在木材上涂了一层漆，或者在瓦面上了一层釉，或者在墙上抹了一层灰，这些都是人工色。除了象征的意义外，又有实际的功能。前面说过，我国殷周发明白灰，乃因土墙需要掩护之故。木材上加油漆可以避免雨水渗漏，以维持木材寿命；瓦面上釉，同样可保护瓦质，不必很快更换。

　　这些色彩的功能，愈到后来，技术越进步。釉瓦是到元以后才普遍的。漆在我国发明甚早，但用在建筑上则较晚。唐人用土朱的多，宋以后才渐考究起来，明清的建筑，我们都已知道，是用光亮的漆，有华丽感。

　　说到这里，读者一定要问，我为什么只谈中国建筑的色彩？难道外国就没有色彩的问题吗？

　　外国人自然也很喜欢色彩，但是我国的建筑，是一切古老文明中，唯一发展了木材的构造的。因此，由于功能上的需要，也是唯一把早期的象征性色彩，发展为美观的色彩，并大为推广的建筑。如果把国人描写为喜欢艳丽色彩的民族，是大体不差的。所以谈到建筑的色彩，我国的建筑是极端的例子。

建筑色彩与民族

　　对于颜色的喜爱，各民族均有所不同，对于建筑的色彩也不例外，大体说起来西方民族较喜欢自然的颜色，东方民族较喜欢人工颜色。

　　对颜色的偏爱本是无所谓高下的，但因为民族间有差异，就有民族优越感作祟，就有所谓高下之分了。西方19世纪的理论家毫不客气地指出，喜欢鲜艳色彩的民族，在艺术上是落后的，日本的建筑史家大多也持有同样的态度，因为日本是东方文明中少有的不重视强烈色彩，而

· 不重视强烈色彩的日本传统
建筑，京都东本愿寺

喜欢自然色的民族。令人生气的是，当他们谈到这类问题的时候，总免
不了带着一种蔑视的口气，把我们整个的文化也连带着看低了。

他们这样说是不是有点道理呢？

他们的观点不一定正确，但却是有根据的，因为我们也一样对颜
色有歧视。这几年台湾经济发展的成就，已经逐渐抹除了城、乡间的
界限。在过去，城里人认为乡下人"俗"，原因之一，是乡下人喜欢大
红大绿。即使到今天，现代的生活与建筑材料等产品，如衣物、盘碗、
地砖等，仍然有些是素净的，有些是花花绿绿的，这些比较"花而俗"
的，仍以乡下的主顾为多。老实说，由于民间的需求量大，商人迁就
他们的口味，使城里人较有"高"水准的，大叹买不到一套可用的盘碗。

简而言之，几乎全世界各文明国家都同意，颜色可分为优雅的与庸俗的，包括我们自己在内。所谓优雅的，就是和谐的、中性的；所谓庸俗的，就是强烈的、纯粹的。这岂不是矛盾吗？人类既然都喜爱艳丽的花朵，为什么认为强烈的色彩是庸俗呢？

说起来也很容易明白。上帝创造花朵，乃为新生命铺路，等于生命来临前的号角，并不是常态。在生活的常态中摄取美感才是高级文化，因为艺术存在的意义之一就是自现实中提升生活的精神境界，自平凡中寻求性灵上的安顿，是不带有刺激的。

只有缺乏心性修养的人，当百无聊赖、生命萎缩的时候，需要一些物质的刺激，可以得到一时的兴奋。强烈而单纯的颜色的美感，等于把花朵短暂的刺激力与吸引力加以延展。大自然奥妙的生命的周期被破坏，而强烈的刺激中又缺乏了精致与敏感的要素，所以就被有修养的人视为庸俗了。

这样说来，难道中国人都是大俗人吗？不然，不然。中国传统士人生活大多是无彩的。在绘画艺术中，只有中国人崇尚黑白的山水画，喜爱完全没有颜色的毛笔书法，世上哪里有这样高雅的民族？我们要注意，今天谈到的中国建筑，乃是指宫殿与庙宇建筑而言。在专制时代，大部分的人民是住在非常朴素的环境中，大红大绿只有在庙宇中见到，或过新年的时候看到，这符合大自然中生命的韵律。

可惜的是，当年这种"万绿丛中一点红"的观念，由于民主时代的来临、富裕生活的需要而被破坏了。这几年，大家放松对色彩使用的审慎态度，而争奇斗艳，恨不能每座房子都是一座宫殿，每一分钟都在过年。有钱的中国人，把他们儿时在乡下朝庙会、过新年的回忆，加以扩大。然而，都市建筑真需要这些华丽的外衣吗？

光线是建筑的灵魂

没有光，世界上就没有生命了。所以基督教的《圣经》描述上帝创世，先分开光明与黑暗。古人不太明白光所代表的意义，只觉得它与生命的关系密不可分，因此多赋予神圣的意义。古代有很多民族是崇奉太阳的，并留下不少的纪念建筑。到今天，我们知道光是一种能。对地球上的人类来说，太阳光是最大的能源，是地上一切生命繁衍、生存的原动力。

空间艺术，特别是雕塑与建筑，若没有光线就完全失去意义。因为雕刻体只有浴于阳光中才显现得出来。我注意阳光与空间艺术的关系，发现一个民族是否在三度空间的艺术上有特殊的成就，与该民族所处的地理位置是否有充分的阳光有关系。这虽然不是充足的条件，却是必要的条件。

雕刻与建筑的艺术最发达的是地中海北岸的国家，那就是古代希腊与罗马帝国所活跃的地区。地中海的阳光既温和又艳丽地普照大地，艺术品的细微之处都能显现出来，使艺术家们在她明察秋毫的照射下，不得不力求精致与优美。阳光可显露丑陋，赞扬美丽，使喜爱生命的造物意气飞扬，所以我们看到的古典世界的空间艺术，莫不反映他们对创造工作的献身式的热情与追求完美的努力。

在太阳过分严厉的地区，如埃及与中美洲，阳光像一位严厉凶猛的父亲，令人匍匐不敢仰视；又像一把闪耀着死亡之光的利刃，令人战栗而不敢张目，亲近更不必谈了。所以这些古文化中的建筑与雕刻都是体型庞大、气势雄伟的，但却经不住细看。那里当年的艺术家们并没有为"美"而创造。

到了太阳时隐时现，经常为云雾所掩的地区，如欧洲、北亚洲，包括我国在内，在空间艺术上就没有原发性。在这里，太阳的表情变化无常，夏日恶毒炙热，冬日像母亲般的慈祥。阳光的变化带来气候、季节的循环，也带来优美的自然景观，对于雕刻与建筑都不会特别重视。今天欧洲各大强国，与亚洲中、日、韩等国的雕刻全是从其他文化中传来的。后期的发展虽有青出于蓝的情形，但却不是自发的。

我国的雕刻与建筑，原来都与美不相干。雕刻自东汉以后，受佛教艺术的影响。佛像都是刻在山洞里，塑在庙堂里，与光线不发生关系，所以也显不出美感。等清末民初，西人来华偷去佛首、佛手，在博物馆刻意安排的光线照射之下，才显现出美来。至于建筑，除了笼统的"美轮美奂"的观念外，我们在十几二十年前，从没把它看作一种艺术。

光与视觉

外国人常把绘画、雕刻、建筑空间艺术称为视觉艺术。这固然是一偏之见，却很清楚地表示出，这些艺术是通过眼的观察才能欣赏的。光线是形体出现于眼前的唯一原因。黑暗来临，我们就一无所有了。

传统的审美教育中，最重要的是训练学生的眼睛怎么看。说得精确一点，就是要学生知道怎样欣赏光线的戏剧。空间艺术，特别是雕刻与建筑的形态是一种捕捉光线的机器，是一座光线表演的舞台。所以艺术家们所创作的，并不是实体，而是光线的跳跃、流动、旋转。

· 美国加州橘郡水晶教堂中，光线是建筑艺术的灵魂

光线原是静态的，艺术家把它转化为活泼而有生命的东西。

这个道理西方在 17 世纪，发现日光的色谱的时候已经感觉到了。到了 19 世纪，印象派的画家们对于光线与形体的关系产生莫大的兴趣，甚至夸张地认为，绘画就是研究光线的变化，万物无非是光线呈现在人类眼中的幻影。所以有些画家，对着一个目标，在不同的光线情况下画若干次，以了解光线造型的道理，表现了不同的美感。有的画家完全放弃了轮廓线，造成形体虚无的印象。这些印象派画家虽然仍然是写实的，但却为后来的抽象艺术铺了路。由于大家了解光线与实体的关系，知道眼见的一切均是虚空，艺术界才起了很大的变动。

抽象画家就自两个相反的角度来探讨。一派人自虚空的一面去捕捉，那就是对色与光的追求。严格地说，一切抽象表现派都是印象派精神的延伸，完全否定了实体的存在意义。他们画出来的是一种幻觉，是经过他们的"心眼"所察觉的真实，正应了"色即是空"的那句话。有些人看不懂抽象画，并不是真正看不懂，而是不明白这一番道理，又不肯承认艺术家主观诠释外物的权利。

另一派人因感于"色即是空"的道理，觉得去捕捉虚空是无穷尽的游戏，无法肯定人类价值。他们走到另一个极端，完全放弃追求外物的努力，而反求诸心。心是什么？是他们对外物的解释。这就是理性的抽象艺术产生的心理背景。有些人不承认这是艺术，也是因为不明白艺术家肯定自我、追求永恒的心理背景。

光的活力

在雕刻方面，把光线的意义说得最清楚的是英国评论家雷德

（Herbert Read，1893—1968）。多年前我曾译过他一本书——《雕刻的艺术》，有兴趣的读者不妨找来看看。

建筑在光线之下是一个雕刻体，所以没有光线就没有造型的道理是很明显的。一般的建筑常令人感到平淡无奇，主要的原因是建筑师对光线的戏剧缺乏了解。（也有些是建筑师虽有所了解，而故意放弃，改走平淡的路线。）由于不了解光线的活力，就没有造型的指标，失去造型的依据了。

什么是光线的活力？阳光之变化也。太阳自东方升起，正午至南方，然后向西方下坠，是儿童都知道的事实。阳光的变化至少包括三种因素，对造型有重大影响。第一，它是改变高度的，早上的阳光近乎平射，至中午几乎直射，到午后渐为平射。第二，它是改变方向的，前面已说过。这二点浅显的常识所造成的影响在哪里呢？

就是光影的转变。不具备艺术修养的人很难察觉出光影变化的意义。我们为什么很容易感觉到三度空间？一方面固然是我们的眼睛有测度空间的装备，真正给我们明确印象的，还是光线所造成的阴影的力量。光投射在物体上，最暴露的部分，也就是最接近我们的部分，呈现强烈的亮度。形体有所退缩，就出现阴影。阴是指因面的变化，亮度逐渐地减低，直至不受光的一面。如果是曲面，这种变化就呈现柔和的渐变，予人以愉快的、女性意味的感觉。如果是折面，变化较突然而呈现阳刚的趣味。影是指接近光的物体，遮住了后面的物体，把自己的影子投到后面的物体上。这种影子通常是浓暗的，所以它很明显地投射到后面，常常产生优美的图案性的效果。影子很重要，不但能显示前后物体之间的距离，而且可使前面物体的形状更明确地显示出来。

明白了光影与造型的道理，就可知道光影转变的道理了。太阳光造成光影，而太阳光在投射高度与方向上的改变，岂不会使建筑的形象改变吗？所以在欧洲，靠近地中海的地区，太阳直射的时间比较长，他们的建筑较喜欢水平线条，以捕捉较多的阴影。在阳光较低的中、北欧洲，建筑的线条，使用垂直线条较多，其目的亦在捕捉较多的阴影。每一座建筑在理论上，会因太阳之运行而不断地改变形态。建筑家明白了这个道理，就会把造型的观念以光影的变化来考虑。面南的建筑考虑造型与面东、面西的建筑应该是大不相同的。

阳光的第三因素是强弱。晨光较弱而柔和，亲切近人，且富于清新的朝气。正午的阳光强烈，然而富于壮健的刚气。午后的阳光狠而猛，如利刃穿心，炽热而急躁。黄昏的阳光，又趋于软弱而祥和，然富悲调的暮气。对于建筑物的生命，时间的流转，就是情调的变化，是相当带有文学意味的。一个优秀的作品，也要努力捕捉阳光的情调才成。

说到这里，应该可以明白何以建筑是捕捉阳光的机器及光影戏剧的舞台的道理。但是建筑家们喜欢用实与空的观念来说明光影的变化。建筑的变化无非是实体与空间的交织。那反射了光线的就是实体，吸收了光线的就是空间。这样说，比起在表面上看到光影的变化更具有一番深长的、哲理的意味。

这话怎讲呢？在前文中说过，建筑的目的原在创造空间，因为有空间才有生命。我们走在一座建筑的前面，看到一面反射光线的墙壁，无法判断这座建筑的意义，忽然看到上面有一个黑色的开口，我们就意识到这是建筑生命的根源。因为我们知道墙壁背后有生命存在了。对于室内的空间来说，由于有了这开口，空间产生了意义。如果开口很小，光线如同剑一般地穿过黑暗，使内部的陈设显露出各种不同的神态。如果这是一座民房，也许有一位老太太坐在这开口的前面补衣

· 伦勃朗是 17 世纪荷兰绘画大师，他在画中最能表现光影的细腻变化与深度。图为《犹太新娘》局部

服呢！建筑家知道对室内光线的控制等于作一首诗。要了解这一点，最好的办法是欣赏 17 世纪以来荷兰画家的作品。伦勃朗（Rembrandt H.V.R., 1606—1669）就是一位懂得利用光线的诗人。

参观过欧洲天主堂的朋友最能了解光线何以是建筑艺术的灵魂。天主堂大多西向，其目的是在晨间，神龛背后的彩色玻璃呈现出艳丽的背景，令人生敬畏之心。在信徒群集的时刻，阳光透过哥特式架构上的空隙，像神的谕示一样投射了若干光束，在阴暗的堂内益见其光明耀目，气氛肃穆。今天的教堂的设计人只知模仿其外表，哪里抓得到宗教建筑的灵魂？要谱一首光影的曲子，必须善于了解使用光；所谓使用，乃是控制之意。没有黑暗就没有光明，太多的光亮就没有光亮，这是很浅显的道理。很可惜一般的现代人太喜欢光亮，竟将光的

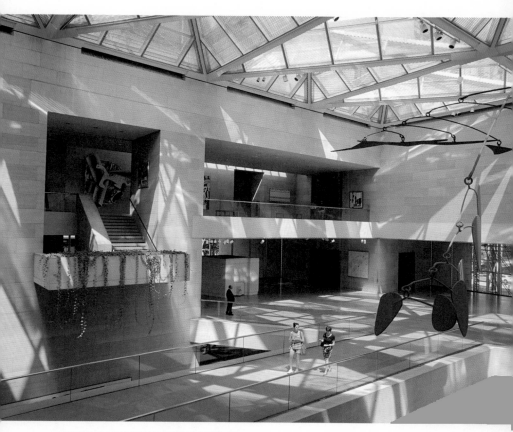

· 将建筑设计成捕光器的华盛顿国家艺廊东厢

诗情忽略了，所以我说，扼杀建筑空间艺术的利器，就是现代人喜欢的大玻璃。

要了解光，必须自黑暗开始，在黑暗中觉察光的伟大。也只有黑暗的背景中，才能显现光的切割作用、光的塑型力量。光是取之不竭的能源，也是用之不尽的艺术宝藏。爱好空间艺术的朋友，必须自黑暗中耐心地体验才好。

比例是建筑的骨干

比例在求和谐的美感

在前几篇文章中，有好几次提到"比例"的重要性。比例与建筑的造型有关，与建筑的古典观念有关，与建筑的音乐性有关。这几乎无所不在的"比例"，究竟是什么东西呢！

"比例"，就是英文中的 proportion，所以不能解释为比例尺的缩小的倍数中的比例，而是一种尺寸长短的关系。有些人把它翻译为"权衡"，以免混淆，但把长度的关系，改用重量的关系来描写，虽然可以减少一方面的误会，却可造成另方面的误会，是不值的。我才疏学浅，想不出更好的名词，只好暂用旧说，译为"比例"了，请读者千万注意，并原谅才好。

其实用通俗的解释最容易懂得。我们看到一位漂亮的女孩子，总注意身段，或以身高、体重表示，或以三围的尺寸表示。女孩子的美不完全靠这些，但良好的三围尺寸几乎是一个相当基本的条件。尺寸本身是没有意义的，其意义在于比例。现代一般人常喜夸张胸围，故喜欢上下围大，中围小，其意义并不在绝对的尺寸，而是希望在比例上，有很夸大的效果。但是我们都知道，夸大的效果是性感的表现，而不是美感，一个令人产生美感的身材，是有适当比例的身材。因此我们又可以知道确实有一种优美的比例存在。

这个优美关系的存在，古希腊人早就注意到了。我国由于在伦理观念上发展甚早，不喜欢暴露身体，所以对人体美没有很深入的研究，就把这门学问让给了西方，在欧洲发展出相当成熟的理论来。

古希腊人是既爱美，又爱理性的。他们观察人体的美，就要找出这美的道理，所以很快发现了比例，但是却不是自女性裸体中开始的。西元前5世纪的希腊，作兴让男性裸体，一百年后，才逐渐欣赏女体。我想这是很重要的。因为自男体开始研究不容易受情欲的影响，更能保持理性，对美的认识不会有偏差。抓住了基本的观念再研究女体，就容易得多了。

他们在这方面的收获，到文艺复兴时代，就得到更广泛的与更深入的阐释。在哲学的层面上，大家肯定了美的先决条件是秩序，而秩序的度量方法就是比例。古典的精神是以人为中心的。在美学上，乃以人体为中心，人体蕴藏了宇宙秩序的奥秘。为什么这种理想主义的说法会被基督教完全吸收且加以承认呢？因为《圣经》上说，神乃以他自己的形象创造了人。把人体神圣化与人类在神面前卑微的身份并不矛盾。而且人体既然是一种奥秘，就带有神的意旨的意味，应该予以研究发扬光大。至于神、人对立的观念，则产生在怀疑论以后。

比例与绝对和谐

谈到比例，其最高的原则是和谐。"和谐"也是音乐的用语，所以后文中将讨论建筑与音乐的关系。音乐乃以线段（弦长）的比例为听觉寻找和谐，建筑则以线段（几何形边长）的比例为视觉寻找和谐。

故平面与立体几何是建筑的重要工具。

在文艺复兴时期，有些理论家在基督教精神涵盖之下，寻找终极的和谐，用以表达性灵上最高层次的、最具有普遍性与永恒性的和谐。他们找到了两个基本形，一是方，一是圆。为什么这是终极的和谐呢？因为方的比例是 1：1，圆则是由单一尺寸（半径）所形成的，这个观念在我国也发生过。到了宋朝，我们的思想家对于太极与无极，多少有点单尺度的意思，所以出现太极图中的圆形，以象征无极。

如果这样看哲学与几何的关系，则可以说，圆就是宇宙的象征，方是圆的变体，是最高的绝对的和谐。所以建筑史家们在最古老的文明中，发现了大部分的宗教性建筑，若不是圆形，就是方形。我国的天坛是圆形，清宫三大殿居中的"中和殿"是方形。埃及的金字塔是方形，印度的塔是圆形。例子真是不胜枚举。请读者们注意，以上所说的圆形与方形，乃指地面的投影而言，所以在这一层次上，空间的象征完全是抽象的，我们的眼睛不一定能觉察出来。它存在于我们的心里，并不反映在眼里。

意大利 16 世纪的建筑家，包括大画家达·芬奇（Leonardo da Vinci，1452—1519），就肯定了圆与方的崇高的精神意义，认为教堂建筑非圆、方不可。他的一生没有机会盖一座教堂出来，大概因为他没有建筑的声名，得不到贵族们支持，但却画了不少教堂的图样，几乎万变不离其宗，总是一个大圆圈，围了些小圈圈，或者围了些小方块。他的做法，是以圆形与方形为基础，形成层层变化，得到主从分明的组合体。这种观念支配了意大利约一个世纪，到了今天，仍有不少人固守着。

很奇怪的是，大自然似乎很支持这个看法。最使我们感到惊讶而赞美的是雪花，雪花为六角形，是圆形的最无懈可击的变体（因为它可以连续成面，不留空隙）。有人说，没有二片雪花是相同的，但却同样的美丽。而雪花有一点是相同的，它永远有一个比较大的芯子，周围有六个花瓣。在自然界中，我们可以找到很多例子，说明上帝的造型意旨是以圆、方为基础的，以对称为原则。大部分的美丽的花朵是这样构成的。大部分矿石的结晶体是这样构成的。这难道不足以说明一切吗！

不仅如此，理论家们发现人体的基本构成也契合这样的概念。他们发现一个比例良好的人体，两臂直伸的长度等于身高。因此可以把人体放在正方形中加以研究，同时他们发现正方形两轴的中心，正是生殖器的位置。换言之，下体的长度与上体相等。这又是 1∶1 的关系。他们画了很多几何分析，说明人体应和于宇宙的秩序，清楚地反映了神意。在这里我要说明的是，这种人体的研究乃以西方人为对象，东方人是否合乎他们的比例和条件，尚待证明。

比例与视觉和谐

终极和谐是视觉的根本。文艺复兴的理论家们明白终极和谐是一种概念，常隐藏在物象的后面，我们目之所见，是万象杂陈的世界，不可能完全合乎绝对的比例，因此比例的和谐必然有某种变通才成。

变通的方式，是自圆、方推演出来的，比如 $\sqrt{2}$ 是正方形的对角线，用它做半径边所形成的矩形，称 $\sqrt{2}$ 矩形。这种矩形有一种特点，就是把它分成两等分，每一等分都是 $\sqrt{2}$ 矩形。同样的道理，$\sqrt{2}$ 矩形可以做成 $\sqrt{3}$ 矩形，其中可分为三等分，每等分都是 $\sqrt{3}$ 矩形。这样的关系显示一种天成的秩序，为初次发现的人视为奇迹。

这与视觉美有什么关系呢？这是符合和谐中的相律的。我们观察一个物体，其秩序多半建立在各个部分的相似性上。这种秩序也许并不具体，对于普通的观众，只觉得很顺眼而已，却是视觉美潜在的骨架。我介绍根号矩形可能使读者们觉得很厌倦，但"整体的比例合乎部分的比例"的特点，在简单的造型中，其重要性是不能被取代的。如果是一座火柴盒式的建筑，有六根柱子分成五间，最适当的比例就是$\sqrt{5}$矩形。

西方人最喜爱的比例，是所谓黄金比例。这种比例使他们几个世纪不停地探索其奥秘，并以各种方式解释它的价值。如果用数字表示出来，黄金比等于1.618，好像是没有道理的。其实它也是自方与圆发展出来的。为篇幅所限，同时我也不愿让读者们受太多几何学的折磨，在这里我不多作说明了。我要说明的只是这黄金矩形有各种特性，其中最特殊的是它能分割成一系列的正方形，形成一条优美的螺线。最漂亮的螺就是这样长成的。

只谈黄金比例有些什么几何特性，尚不足以说明它与视觉美的关系。西方的理论家又回到人体上寻找根据，证实其价值。现代建筑中最伟大的建筑师，柯布西耶，是一位活用古典比例理论的专家，他分析了人体的尺寸，发现比例适当的人（又是以男人为标准），很多尺寸间的关系是黄金比。最重要的尺寸是脐眼以下与以上的比例必须是黄金比；脐眼的高度，与垂手到地的高度，亦约为黄金比。脐眼以上至头顶的高度与举手向上时手尖与头顶间的高度，亦应是黄金比。他的研究，发现人体举手投足之间，都合乎黄金比的关系。因此他觉得除了承认这是上帝所赐给我们的美的泉源以外，实在没法解释。后来他甚至放弃了公尺、英尺等人为的尺寸，改用他自己发明的黄金尺，以

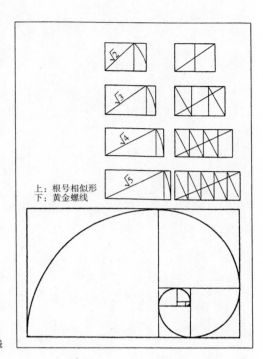

上：根号相似形
下：黄金螺线

· 根号相似形与黄金螺线

· 现代建筑大师柯布西耶的黄金尺

· 下方的柱子与上方的窗子两者的比例关系谱成建筑的立面

保证在他的设计中，尺寸与尺寸间的关系都是和谐的。

明白了这黄金比的道理，我自己也常常玩这些游戏，比如等船候车的时候，拿起一本漂亮女郎封面的杂志，先欣赏一番，然后用一支短尺，量量她面部各部分的尺寸关系，首先注意眉毛之下与眉毛之上至发缘的比例，应该是黄金比例。鼻子下端应居眉毛与下额之中间。这些关系在德国文艺复兴时期的大画家丢勒（Albrecht Durer，1471—1528）的著作中，都已分析过了，有很多初学画的人，也记得一点类似的比例，但把它当作一种游戏，确实可以判断某位小姐何以显得不太顺眼，或显得特别顺眼。这办法柯布西耶原是用来量建筑的。

知道怎样用比例法判断女孩子的面貌，用同法来判断建筑就很容易了，因为建筑本身就有高与宽的比例。如果下面是柱子，上面是墙壁，则有上、下两段的比例，柱高与柱间宽的比例，窗子亦有长宽之比，墙上线条的装饰会把面分割为几段，各段之间亦有比例的关系。所以严格说来，一个火柴盒的建筑，只在比例上就可谱成类似交响乐一样的丰富的韵律。一般人以为火柴盒太单调，那是不懂得抽象的比例的美感而已。

前面说过，比例的美并不是视觉美感的全部，但却是美感的骨架。骨架比例良好的女性，即使失去了青春的妩媚，仍然是高贵动人的。但当青春年少，生命力旺盛，光彩四射的时期，骨架的美则隐藏在后面以气质呈现，这对富丽堂皇的建筑而言，也是一样的。

凝固的音乐

在我做学生的时代，学建筑的人尚受学院教育的影响，把建筑看成百分之百的艺术。为了说明建筑艺术的崇高价值，当时大家喜欢引述歌德的一句话：建筑就是凝固的音乐。过去这句话流行的程度可以与之后流行的丘吉尔所说的"人创造了环境，环境塑造了人"相提并论。

这两位大人物，一位是 18、19 世纪的大诗人、大文豪，一位是 20 世纪的大政治家。由诗人来品尝建筑，把建筑与音乐相提并论；由政治家来了解建筑，把建筑看作影响人生的环境。他们分别代表了两个不同时代的建筑观，实在再恰当不过了。然而这两句话都不十分容易明白。自表面的意思上看，虽然没有什么难懂，但如加以深思，就觉其意味不易捉摸了。

我念书的时候，虽说丘吉尔已说过那句话，但建筑界的人后知后觉，尚没有琢磨出味道，所以大家还是回味着一百五十多年前歌德那句话。我是喜欢"打破沙锅问到底"的人，当时曾向一位老师请教所谓"凝固的音乐"是什么意思，得到的答案并不能使我满意，后来尽量翻资料，以求找到正确的定义，虽然零星的、一鳞半爪的解释常可以看到，却没有读到完整的著作。由于时代变了，建筑是不是凝固的音乐已经没有人介意了，我自然也不会花费太多的精神去寻求答案，

· 极具音韵之美的维也纳贝尔佛第宫（1723）

所以就把这个有趣而过了时的问题摆在一边。然而当有人把建筑当艺术讨论的时候，我仍然认为歌德的这句话有相当的启发力，是值得我们拿来再讨论的。

从表面上看起来，"凝固的音乐"不过说明建筑与音乐相当，只是建筑是固定的，音乐是流动的；建筑是可见的，音乐是不可见的。建筑家们所以乐闻这句话，因为欧洲人认为音乐是最高级的艺术，若把音乐比建筑，则建筑的价值就超过绘画与雕刻了，实际上，歌德确实有这意思。歌德所感动的建筑是中世纪的教堂，好像是接近法国式的斯特拉斯堡大教堂。在中世纪，建筑是一切艺术的总汇，他受感动是不足为奇的。

同为抽象的艺术

建筑与音乐间的第一个共通点是形式的抽象。此处所谓抽象是指没有很明显的故事性与说明性。虽然在音乐与建筑中也可以写实，但是在本质上，这两种艺术都不具备直接写实的条件，而是以比较抽象的气氛、情调等表达物的属性来表达艺术的情操。比如欲表现情爱，在文学与绘画上可以用虚拟的人物与故事，以具体人物面部的表情、身体的姿态来传达作者的感觉。在纯粹的音乐中，假借声音与节奏，暗示的成分超过说明的成分太多了。至于建筑，甚至没有表达类似情操的说法，而事实上也只能限于暗示性、氛围性的表达的。

音乐之被认为"高级"，乃因这种抽象性之故。所谓高级就是指距离实质较远，距离灵性较近。说得更明白些，一种艺术的欣赏所通过的感官，愈直接与物欲连在一起愈低级，愈不易引起快感愈高级。对于懂享受的有钱人，品酒是艺术。这是不错的，因为酒的品赏到某一水准就是艺术，然而我们也不能否认对酒的品赏与物欲之间的界限是很微妙的，有时候很难分开欲念与灵思。

一般说来听觉在感官中是比较纯粹的，特别是不牵连到语言时。（歌德心目中的音乐大概是不涉及语言的。）自古以来，音乐就被用来作为提升精神境界的艺术。西方宗教音乐的发展与建筑的发展几乎可以说是平行的。到了17世纪以后，音乐才脱离建筑，开辟了广大的天地，为建筑所望尘莫及的了。这不表示音乐不可俚俗，但如果不借身体表演与语言之助，即使是"郑声"，也不会低俗到色情画的程度。

建筑虽然使用到各种感官，自触觉、视觉到听觉都包括在内，但其建筑部分的本质是超越物欲的，是抽象的。建筑的物欲的诱引力在其社会性方面，亦即建筑的拥有在权力地位的象征方面，而不在艺术上。建筑无法低俗到可以引起色欲或食欲，因此在这一观点上，建筑可以说是一种高级的艺术。

要进一步了解这一观点，可自绘画的写实与抽象来看。写实的绘画以人体来说，可以低俗到可怕的程度，如同某些百货公司出售的，专供悬在卧室中的"艺术"；也可以十分高雅，如拉斐尔的圣母像，或中国人的山水。然而只有比较了抽象画之后，才会知道绘画艺术完全脱离真实后，出现一片灵性的世界。它很不容易被接受，然而却是非常"高级"的了。

同是无所不在的艺术

音乐与建筑不但均是抽象的，而且分享一种共同特色，那就是"无所不在"。其他的艺术形式，高级者如绘画，较接近物欲者如品酒，欣赏者与艺术的关系必须是全神贯注的。换言之，在欣赏者产生感情反应的时间中，不论长短，都必须脱离生活的现实，即产生一种出神的效果。有些艺术理论家甚至认为这是艺术欣赏行为中所必然发生的情形。

然而只有两种艺术，那就是音乐与建筑，除了可以全神贯注，与其他艺术同样欣赏以外，同时也可以被包围于其中，在不知不觉间受到影响。因为这两种艺术能无孔不入，制造氛围。这种力量是潜在的、伟大的，所以音乐与建筑是最古老的艺术形式，在原始时代就使用它们的表现力了。人类一直这样借重了建筑与音乐的力量，直到欧洲的文艺复兴与我国的宋朝，专供品赏的艺术的重要性才逐渐胜过了氛围性的艺术，发展了中产阶级所喜爱的框画与轴画。

让我们对"无所不在"的观念略加申说。上文说音乐是用听觉欣赏，听觉的最大特色是耳朵与发声器间不必有直接的连线，乐声先充满空间，经过空间进入到我们的感觉之中。这说明两点：第一，声音与流水一样，有空隙就可穿透。第二，声音与我们的建筑空间有相当的关系，直到发明了耳机欣赏法之前，音乐是靠空间来传递的，空间中有复杂的反射与吸收的关系，因此调整了乐音的品质。所以西方古代的宗教音乐是与天主堂建筑息息相关的，换一种建筑的空间，品质就大受影响了。

建筑"无所不在"的性质很容易明白，因为我们生活在其中。它是固定的，有形的，然而它受时间的充实。西方人的教堂为什么大多面西呢？因为他们希望晨间祈祷的时候，阳光自神坛的上方照射过来，一座建筑自早上到黄昏，不同的时刻吸入不同的光线，其空间与形态予人的感受大不相同。因此在这方面，建筑亦具备了音乐所独具的时间性。哪有一幅描写黄昏的绘画变成晨曦的呢？音乐兼有了时间与空间的常变的意义，建筑也是如此，所以把建筑说成凝固的音乐是最接近了。

同样是讲究节奏、韵律的艺术

前代的理论家谈到建筑与音乐的关系，就是以节奏与韵律的观点来讨论的。说得正确一点，就是这两种艺术都与数学有密切的关系。

研究音乐史的人几乎都从古代数学史里找材料。西洋古代最早把数学与音乐连上关系的人是毕达哥拉斯，也就是在那个时代，建筑与

· 一列相同间隔的柱子，宛若音乐的拍子

· 以柱径为基准单位建立理性的视觉秩序

几何学建立了不可分割的关系。由于弦长与声调有关，各弦之长的比例与和谐与否有关，音乐与数学可视为一体。在外国的教堂有一种最美丽又实用的装饰，就是大风琴的管子。那是由粗细不等、长短不一的很多铜管所组成的，由于每管等于一支弦，其粗细、长短的比例几乎表现出音乐性韵律。这是很明显的一个数学、音乐、建筑相结合的例子。事实上，我国的音乐虽没有西方那样严密的理论，音乐与尺度之间也有很明显的关系。我国音乐是以黄钟为基础，"律之始也，长九寸"。尺寸也以黄钟为根本，以粟长计算。音律与尺度的关系，实际上就是弦长与调子的关系；这在中、外都是一样的。

　　建筑与音乐都是以尺度为本的。不但如此，建筑与音乐均有明显的节奏。即使是音乐的外行，也可听出拍子来；乐谱上，也可看出把时间表达在空间上的方法。节奏是一种秩序，把整体细分为若干部分，然后加以组合。学弹钢琴的人，甚至要用计时器来控制时间的段落。建筑也是如此。建筑由于结构力学的需要，以及视觉秩序的需要，通常采用一种空间尺度为"拍子"。最简单大方型的，如希腊的神庙，是一列相同间隔的柱子，这柱间的尺寸，就等于"拍子"了。实际上，希腊多立克（Doric）神庙是用柱径作为尺寸的基准单位，柱径分为三十份，就用这样的尺寸来安排柱子各部分的和谐关系。拍子是架构，柱梁细部的比例则为内容。

　　建筑早期的节奏与音乐早期的节奏一样是严肃而简单的，常常是反复同一调子。到后期，节奏益见复杂。罗马时代、文艺复兴时代、巴洛克时代的建筑，表面的"拍子"仍在，其中抑扬顿挫却增加了不少，装饰的意味愈来愈浓厚。这种发展与音乐也是平行的。

　　建筑与音乐最后一度的联手是在17、18世纪的德国。巴洛克的建筑同时含有高次元的数学，与富丽而令人目眩的装饰。看惯了文艺复兴那种简单严肃的格调，和方与圆的静态的几何，总觉得德国的巴洛克建筑太繁复，繁得不易了解。其实这正是德国音乐在同一时期的发展背景。节奏的变化，韵律的起伏，音乐的内容逐渐脱离内省的形态，开拓了广大的园地。建筑则向同一方向努力。到了18世纪，音乐的潜力经过天才们加以驱策运用，在建筑上，虽有巴伐利亚的王庭尽力在宫廷与城堡上发挥想象力，有形的砖石终于赶不上无形的音韵而落后了。到了18世纪的后期，建筑向文学靠拢，沉湎于思古之幽情。那"凝固的音乐"的说法虽然是浪漫主义流行时的一种反映，建筑与音乐的距离却越发遥远了。

这句话在今天看来虽嫌陈旧，要了解建筑的艺术面还是很有帮助的，所以写出来供年轻朋友们参考。其实自这个大题目可以抽出很多讨论的话题。读者朋友们如果喜欢建筑，也喜欢音乐，则把"凝固的音乐"这个意念存在心里，去欣赏建筑的空间，对建筑的了解就已经很有帮助了。可惜在台湾像样的建筑太少了，能称得上具有音乐性的就更少了，也许你虽有所了解，却也无用武之地呢！

古典与浪漫

喜欢文学与艺术的年轻朋友，大概都知道古典与浪漫的二分法在艺术理论上的意义。恐怕很少有人留意在建筑上也有这种分法的。老实说，这样分，确有很多不妥之处，但我们如果不固执一种说法，任何分类的系统都有助于我们了解建筑。尤其是古典与浪漫的观念，不但在通俗艺术理论上很说得过去，即使对认识人生也有它的用处呢！

这两个名词，古典最容易被误解。很多人望文生义，以为古典就是古代的意思。所以古典文学被认为古代重要的著作，而中国的传统建筑，被称为中国古典建筑。实际上这个字眼确实是与浪漫相对而存在的，与阴阳相对一样，与古代、近代没有什么关系。原来19世纪的欧洲哲学家在讨论文学、艺术的时候，就看出有一类是以理性为框架，以高贵、典雅为追求的目标，另一类则以感性的表达为主体，以引起情绪的波澜与激动为目的。为了把两者的形象清楚地表达出来，他们借由古希腊神话中的两个神来代表。一为象征美与理性、光明与秩序的太阳神，一为象征激情与幻想、黑暗与多变的酒神。从这种象征上看，不难推断当时的思想家是比较崇好古典的。

这两个名词虽为欧洲人开始使用，他们自己也常会误解，因为在洋文中，"浪漫"尚不易弄混，"古典"却常与西方历史上的"古时代"相混。古典时代是指古希腊、罗马的时代。在文艺复兴以后的欧洲人

· 文艺复兴时代的圣母像流露古典精神

看起来，那个时代的文艺自然是古典的。但是自理论上说，古典时代的（classical），并不一定是古典的（classic）。

我们中国人对于"浪漫"常不存好感，往往把它看作负面的形容词，特别常用在两性关系很随便的人身上，其实这个词与"风流"近似，当然有浮动、散漫的意思，却不一定表示不负责任。比如我们平常所说的"天真烂漫""倜傥风流"，都是浪漫的意象。

一般说起来，在艺术的形态上，古典因基于理性，是简单的、静态的、严谨的、高贵的、超乎凡俗的，比较偏重于固定形式的、合理的；而浪漫则基于感性，是复杂的、动态的、放任的、激烈的、近乎生活的，比较偏重具有生命形式的、重个性的。比如文艺复兴时代的圣母像，宝相庄严，散发母性的光辉，却有神圣、高贵、超世绝俗之感。

· 浪漫的中古堡垒，法国雪浓莎堡（1435）

这就是古典精神的流露。到了 17 世纪的巴洛克时代，同样是圣母像，却散发一种尘世之美感，在圣母的身份之外，具有一般女性的吸引力，亲切而近人，敬爱之外，亦令人歆慕。这就是浪漫精神的流露。出席宴会的贵妇人是古典的，田陌间的少女是浪漫的。

在 18、19 世纪，欧洲的文艺经历了一阵子古典与浪漫的转变，就是后人所说的古典主义时代。在文学与绘画方面，大家都耳熟能详了。在建筑上，这两个阶段都是指模仿古代形式而言。古典，不用说，是指古希腊与罗马的建筑了；浪漫，则指中世纪的建筑。有的理论家认为不论其外观模仿哪一时代，都应认定为浪漫主义的，因为思古之幽情，就是浪漫。但纯就形式上看，还是有分别的。

古希腊、罗马的建筑，以庙宇为例，是方正、简单，格律严谨，望之生崇敬、高贵之感。四周一圈大理石柱子，像典雅的贵妇，可望而不可即。而中世纪的建筑，不论是基督教堂，或领主的堡垒，则富于变化，有错综复杂之美。尤其是堡垒或住宅，因地而制宜，无固定格式，使用粗石、砖块，门窗开口随需要而易其大小与位置，具有生动之感，像活泼的农家女郎。

美国的首都华盛顿，主要的纪念建筑，如林肯与杰弗逊的纪念堂，白宫与国会大厦，美术馆与博物馆，都是仿古典时代的建筑，象征他们的民主与理性。英国在 19 世纪的维多利亚时代，有中世纪复兴的运动，如议会大厦等，表示国运的绵延、传统的承续。这些例子仍是以历史上的建筑来分的。

其实到了现代，尤其是抛弃了古代形式的 20 世纪，才显出来古典与浪漫的真正含义。我下面举例说明。

在美国落户的德国建筑家密斯·凡·德·罗（Mies van der Rohe,

1886—1969），为伊利诺伊理工学院设计了一座小教堂。我们通常以为教堂是外观很突出的建筑，但他的这一设计，在树丛中，几乎很难分辨出是否为一座仓库。近前看只是一座长方形、平屋顶的钢架房子，正面是玻璃墙，两边是砖墙。走进内部，只看一排排的坐椅，神龛处除了一支十字架、一盆花外，一无所有；冷冰冰的，看不出丝毫宗教气氛。这样的建筑怎会成为杰作呢？

这是古典精神相当极端的表现。在密斯看来，宗教信仰发自内心，源自理性，并不必靠诱、引等气氛。对上帝的敬意不表现在感情上，而出之于肃穆、优美的空间。简单而一无虚饰与做作，是一种真诚、高贵的美感，用空间的权衡表现出来。权衡就是寻求恰切与适当的比例。如同古人所说的美女，增一分太肥，减一分太瘦，处处匀称合宜，不必靠涂脂抹粉，刻意装扮。据说这位建筑家于建筑完成，安放十字架的时候，十字两臂的长短，安放的高低，是几经琢磨才决定的，他要坐在前排沉思良久方下决定。

美国本土的一位名建筑家，弗兰克·莱特，为威斯康星州的乡间社区建造了一座小教堂。这座建筑在规模上与上例差不多，但外观上却十分突出。当地的地形有轻微的起伏，他老先生把这座教堂建在高出的地点，在树木之间草坪之上非常醒目，一望而知为教堂，且令人驻足欣赏。外形是两片斜屋顶几乎到地，青铜瓦，古老的铜绿色十分诱人。屋顶下面是当地带土黄色的石块砌成的墙，玻璃都嵌在斜纹图案格子上，与斜屋顶配合。他解释说，这是东方人两掌合十礼拜的表示。（后来模仿的人很多，也不稀奇了。）进口处很矮，里面则阴暗得多，墙壁也是粗石砌成，坐椅是厚重的木头制成，因为阴暗，所以窗子照射进来的光线显得很强烈，予人以神秘的感觉。窗格子投射在突

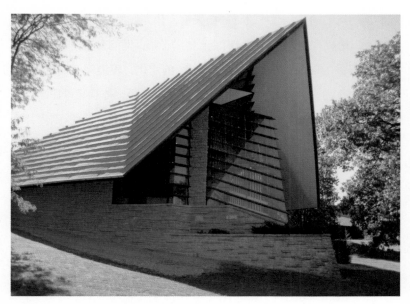

· 莱特为威斯康星乡间社区建造的小教堂

出的神龛上，产生了动人的多变化的图案。

这是浪漫精神的表现。在莱特看来，建筑必须表现出感情。教堂的宗教气氛应该应和着信仰的需要。就如同中世纪时代的教堂建筑充满了宗教的象征、神秘的气氛一样。今人宗教的信仰虽然不再依赖那些象征了，但建筑的艺术就是要用空间来表达感情的，教堂而诱发虔信有何不可？

浪漫的建筑，具体地说表现在两方面。一方面是趣味性。如同在家庭或朋友生活中保持情趣的小动作，建筑中可以富于类似的情趣。莱特不主张在建筑里用绘画装饰，因为他觉得这样会破坏建筑的情趣。在适当的地方安置花台，悬挂花草，或设计一盏可引起想象的吊灯，一组亲切可爱的座椅。或设计一扇天窗，让光线投射在刻意砌成的砖石面上，造成有趣的图案。如果墙上挂满了画，何能有这种趣味?

浪漫派的作品另一特色则是造型上的变化，不遵守几何的规律。古典派的作品一般均为长方形，或正方形与圆形，外观稳重庄严。表达感情的建筑则喜欢有出其不意的表现，如果使用几何形，则用几个简单形状加以组合。在造型的精神上十分自由，退缩、突出、截角、去边，完全看建筑家的慧心剪裁。这自然与中古堡垒建筑的设计属于同一原则。

在材料与色彩上，古典派的作品以白色大理石为最高的准则，表现尊贵的单纯。如果无大理石可用，则灰色或灰黄色的石质亦可，仍以严肃庄重为上。现代的建筑中，石头的代用品为灰色的钢骨水泥。而钢架玻璃同样可表达古典的意味，尤其是最近几年流行的灰银色反光玻璃。古典的色调为黑、白、灰，间以少量金、赤等纯色。

感性的作品则较喜用自然平实的材料。用石则用有质感、量感的石材，不喜光滑的大理石。木材，尤以粗糙的木质纹理特别适宜。在现代材料中不易找到浪漫派作品适用的材料，所以莱特曾用模塑水泥花砖充当石块。最近若干年，面砖尚有一点砖块的趣味，所以为有感性倾向的建筑师所乐用。在色彩方面，他们比较喜爱自然色感或中间色调，如石块、木材、砖块等本身。

实在说，把建筑分为古典与浪漫是一种方便。除了少数名家之外，多半兼有两者之性质，只是视个性之不同而略有所偏而已。偏向于理性秩序的人，并非不可以增加点趣味性设计，喜爱感性表现的人，并非不可遵循理性的原则。事实上大部分的民众都是兼有两者倾向的，所以社会上对走极端路线的建筑家都视为怪物，又尊为大师。凡能对

· 白色大理石是古典建筑的准则。美国华盛顿杰弗逊纪念堂（1943）

历史造成冲击的人物，必须是个性坚强的天才，他们能在要求温和、平庸的大众趣味里突出，已是奇迹了。

在商业主义盛行的今天，古典也罢，浪漫也罢，逐渐失去其真挚的情味，流于虚妄。建筑已经被视为招牌的一种了，马赛克与塑胶漆已代替建筑材料的质感，还谈什么理性与感性？但是一般说来，现代民主时代的民众是感性的，他们可以接受浪漫的趣味，不论是虚假的，还是真实的；对于冷静、肃穆的古典，则只有少数政府的官员与银行董事长可以用作地位的象征了。

传统与现代

今天有文化使命感的青年朋友们最关心的问题，就是传统文化与西方文化交汇的时代中，我们所应采取的步骤，所应追寻的方向。这个问题在文化界已经讨论了一个世纪了，还是没有具体结论，能使全国上下无所遗憾地接受。建筑是文化中最具体的结晶，不用说，文化的论战可以直接反映在建筑上。只是建筑界一般说来对文化论战的反应是缓慢的，大家不太注意两者的问题而已。

但是我很高兴的是，我每有机会与青年朋友们见面，讨论与建筑有关的问题时，总有人问我中国未来的建筑应该走上哪一个方向，表示青年们注意建筑与文化间不可分离的关系，注意建筑反映文化的事实。而我很遗憾的是，我总没有办法对这一问题给大家一个满意的答复。我并不觉得差耻，因为一个好的问题永远是无法答复，或很难找到答案的。而我不能回答得很好，也正表示大家所关心的，是最值得大家关心的。

文化界的学者们无法找到答案的问题，如果套用到建筑上，就是这样的：我们的建筑应该走传统的路线呢，还是现代的路线呢？我们的建筑如果要结合传统与现代，用怎样的方式表现出来呢？在文化的论战中，至少有一派完全销声匿迹了，那就是固守传统派。民国初期尚声势浩大的那些传统至上论者个个逝去，到今天，现代化的浪潮汹

· 民国初期走现代路线的建筑，南京原中华民国总统府大门（1912）

· 民国初期传统至上论盛行时所诞生的建筑，原上海市政府大楼（1929）

涌，除非麻木不仁的人，是不会再提倡回到传统去了。在建筑上，这一点是不必多加申说的。试想在今天如何可能原样不动地建造一百年前的祖先们所居住的建筑？怎么可能再盖些土砖的平房？对于古代留下来的精品我们设法保存是可以的，再建些新的，以供今人居住是不可能的了。

全盘西化的建筑

现代化是必然的了。这一点用不着争论，我们的建筑已经自然而然地跟着社会的变迁、经济的发展而远离传统了。我们不必为此伤感。试想今天的建造技术，今天的建筑材料，今天的都市生活，今天的家庭组织，怎能不接受现代的建筑？问题是应该怎样现代？最直截了当的一个答复，就是全盘现代化。

在二十几年前，文化界争论应否全盘西化时，双方的言论都十分激烈。所谓全盘西化，就是接受现代主义的、国际主义的支配，努力走向工业化，不必再顾虑传统如何如何了。在那个时代的建筑界，同样是现代主义挂帅，大家所想到的只是如何推陈出新，使建筑出现新面目。其实在理论上说，现代主义是站得住的，只是在执行上做得过火，争论时又说得过火而已。

所谓现代主义，乃是指合理主义，要求大家放弃传统的包袱，以科学、技术为武器，以民主为原则，为大家的未来幸福而筹谋。这岂不是千该万该的吗？然而求进步、求生活水准的提高，自然会带来一些弊病，诸如情绪上的空虚、人情味的短缺、犯罪率的增加等等，乃为现代主义带来严苛的批评。60 年代的现代派的反对者只是在嚷嚷而已，今天却已尽得先手，使现代主义落入四面楚歌的困境了。

现代主义的建筑也不争气，到后来抛弃了合理主义的立场，变成"现代风格"，陷入形式主义的窠臼。好像"现代"就是外表方正干净的、平屋顶的、钢筋水泥的、有大玻璃窗的建筑。这样的风格最早的用意是不多情善感的，合乎经济原则的，合乎现代材料技术原则的，室内容纳足够的阳光、充分的新鲜空气的。变成一种风格后，就不一定符合上提的那些原则，所以更加失去其价值了。

在台湾，现代主义的建筑一开始就不太稳当。因为在我们的文化传统中，没有合理主义的精神，而现代主义失掉了理性就成为空壳了。所以全盘西化的论调虽然颇响亮，在这里本来就是行不通的，这一点反映在建筑上再切实也没有了：我们很难找出一座代表真正现代主义精神的建筑。值得注意的是，凡是主张现代主义的，都强调理性，都要求放弃怀旧的情绪。

但是最近几年来，国际主义建筑的风气在台湾很流行。西方的建筑已经进入"后期现代"的路线，加了些感情的因素进去。比较认真的建筑师的作品大都是遵循合理主义路线的后期现代主义的作品。可惜大部分的建筑，仍然是现代建筑的空壳，加些商业社会注重表饰的习气。在台北的上流社会，流行着完全模仿外国建筑的风气。他们是形式主义的全盘西化论，也是建筑界的最有力的赞助人，所以这些年来，台北市真出现了一些很像美国建筑的建筑。

中体西用的建筑

今天的传统派大多是自清末以来就流行着的"中学为体，西学为

· 台北的忠烈祠可谓中体西用派的代表作之一（1969）

用”的信仰者。这一派虽然一度经现代派打击得抬不起头来，清末以来的失败被一股脑儿归罪给他们，但信仰中国传统，又不肯放弃西方物质文明的人还是以各种方式出现。

　　然而自清末到今天的中体西用派在程度上确实有很大的差别。过去的解释，把“体”与“用”看得太具体了，因此也分得太清楚了，所以很难行得通。慢慢进步到今天，中、西两字的解释越发抽象起来，甚至可以把体、用混为一谈。这一点，在文化上也许难于解释清楚，如以建筑为例就再清楚不过了。

　　比如忠烈祠的建筑就是最原始的中体西用派，“体”指功能与形式，“用”指技术与材料。这建筑完完全全是座中国式的宫殿，一点也未加改变，但其材料与技术则完全是西洋来的。一般观众很难分辨闪亮的油漆下是木材，还是钢筋水泥。使用西式材料完全因为它比较坚固耐久。这样忠实的中体西用的例子是很少的，除忠烈祠外，尚有些庙宇，因为宗教信仰是构成传统社会最重要的一环，而至今尚存。

像中山楼就已经向前进一步了，建筑在外观上看似乎是一座庙，或一座宫殿，然而内部是一个大集会堂，一间大餐厅；会堂也就是民主时代的宫殿。类似中山楼的建筑，可以自另一个角度来解释"中体西用"，即"中式为体，西式为用"。把"学"改成"式"，除去了文化内涵的意味，就简明易懂，即此类建筑有中国式的样子，西洋式的用途，其意义与早期的"中体西用"有些距离了。

这一类的建筑大为流行，如中正纪念堂、圆山饭店、历史博物馆等属之，民间亦颇喜爱，是充满了情绪主义色彩的。实际上，在以往已颇为大众所接受，等于旧瓶新酒。在建筑上，80年代的趋势反而回到30年代了。

另外，台北故宫、科学教育馆及中山纪念堂，不管在建筑上是否成功，在精神上，是有意突破中、西、体、用间的界限，对建筑的传统与现代加以诠释。比如科学教育馆与中山纪念堂只大体上保留了屋顶的形象，实质上都是西式的建筑。因为除了屋顶外，就完全没有依照中国形式的章法了。像这样的建筑，真是传统与现代的融合吗？

新统合的期望

其实传统与现代要融为一体，发展出中国未来的新文化，不能这样内外、前后地切开，像三明治一样，硬包扎为一体。真正的统合要像流行歌曲中唱的，赵孟𫖯夫人所作的那首歌，"你侬我侬"，把传统与现代的形象两者都打破，然后再铸造一个新的形象。这样说来，未来的建筑，每一点都是中国，每一点也都有现代，才能算是真正的成功。这工作是很困难的。

为什么听上去很容易，行起来很困难？因为达到这一目标的方法很成问题。

大凡建筑的赞助人都不喜欢抽象的观念。他们的态度基本上是形式主义者。说到中国的建筑，不能提精神，只能提形式。对于社会大众，情形也是如此。1975年中正纪念堂要征求图样，规定要现代的、中国的。也就是希望找到一种新中式建筑的形象。结果呢，新的设计，由于征求与选拔的过程不太理想，所以没有动人的作品出现，负责的当局所采用的，却是不合乎征求规定的纯中国式。现在耸立在那里的古老的新建筑，上下却都觉得很满意，就表示民众对建筑的看法还是纯情绪的，还是形式的。是中式为体，西式为用的。

文化是一个捉摸不到的大问题，大家只能谈，不知如何有所行动。建筑是文化中具体的一部分，同样地，只能畅快地谈，也不知应该如何行动。因为谈的人是少数人，而行动则要牵连到社会大众。所以新统合的期望不能很快实现，在建筑上尤其不能在短期内见到实效。文化是缓慢演进的，会受到时代的政治、经济、社会的影响，从事实际建筑工作的人只能看作行动中的小卒，影响力是有限的。所以我每有机会与青年朋友们讨论这一问题，总不知要怎样回答他们才好。

最使我难于回答的，是问我觉得哪一座建筑最为理想，最能代表时代的精神。要我亲口说出我们的建筑没有一处符合我的理想，实在显得我太傲慢了，然而事实上，文化方向问题的混淆使建筑界人士没有澄清观念的机会，在职业中求生存使他们没有认真思索的机会。大家只是努力工作而已，是谈不上文化使命的。

传统、现代、后现代

如果把建筑的过去分段，而不涉及建筑史，可以分为传统社会的建筑、现代社会的建筑，然后是后现代社会的建筑。

传统社会的建筑历史非常悠久，而且遍及全球各个民族。由于各民族文化的歧异，地理条件不同，发展出多彩多姿的建筑形式。我们今天到各地旅行，希望看到的就是这种有强烈地方文化色彩的建筑。人类文明的发展成果，相当具体地反映在各民族的建筑上，令人看了，不能不深为感动。

传统社会的进步缓慢，人类使用有限的资源来解决面临的问题，发挥创造力，为其独特的生活与信仰，建造出令人感动的建筑。是累积了若干代的力量与智慧，经过不断的考验，才逐渐发展出来的。所以任何一个传统社会都有一套非常合乎他们的需要，又非常有造型特色的建筑，使人感到，所有的传统建筑都是妙不可言的，具有耐人品味的美感。

这就是世界上数不清的文化遗产的来源。这些各地的传统建筑构成后世主要视觉世界的语汇，也就是建筑界所称的风格。某地的建筑本为某文化的产物，可是异文化的人看到了，觉得美不可言，希望拥有这样的建筑，因此就把该形式的建筑建在自己的土地上，不再反映原有的文化与生活的内涵，只有形式的美，就是所谓的风格建筑。

风格建筑是文化交流的产物。所谓交流是指财力雄厚的国家，富有的人民可以到世界各地去旅行、观光，看到异文化中的建筑，就有据为己有的想法。其动机是好奇，也是对异文化的向往。美国人做这类事最多。在加州，报业大王赫斯特（Hearst）建了一个堡垒，干脆就到欧洲去花钱把肯出让的建筑买来，所以其中有罗马时代的柱列，有英国中世纪的小教堂，五花八门，集为奇观。一般人没有那么多钱，可以选一种风格，请建筑师代为塑造成自己的住宅。洛杉矶好莱坞一带早年兴建的住宅区，大多属于这一类的建筑，可以说是传统建筑的借尸还魂。很妙的是，有些人对这样的建筑永远看不厌呢！到今天还有人把它建成主题乐园，大赚其钱。可见人类是怀古的。

因此，若把传统社会的建筑再加细分，可分为原生的传统建筑与传统风格的建筑。直到今天，这两种建筑都存在于世上，而且继续建造中。

现代建筑与传统社会的建筑比较起来，不过是个孩子。它是19世纪开始产生的技术，到20世纪初才有的理论，二次大战之后才被普遍地接受。可是时间虽短，它的力量却很惊人。在短短的几十年间，现代建筑几乎横扫全世界，改变了几千年的面目。

为什么人类习惯了几千年的传统建筑，会为现代建筑轻易替代呢？因为现代是一种新的生活方式，一种新的文化，人类文明忽然改变了。这全是科学与技术的突然进步所造成的。

科学与技术是西方文明的产物，酝酿了几个世纪，到19世纪末成熟，正式改变了建筑的面目，那就是用钢铁、玻璃代替了砖瓦、木石等传统材料。后来又发明了水泥，就一切完备了。另方面，在结构工程科学方面的进步，加上电梯的发明，人类突破了地心引力的限制，建造起摩天大楼来。所以现代社会的建筑与现代的都市社会是分不开的。芝加哥是高楼建筑的发源地。

现代建筑并不是那么被大家心甘情愿地接受，但是在大都市中，这是挡不住的潮流。人人要向城里求生活，都市的人口越来越多，而那么多人挤在很小的土地上，现代技术就很有用了。现代建筑虽如野火，烧遍了全世界，而且成为进步的象征，可是并没有因此而消灭了传统建筑。

这是什么道理呢？因为科学技术虽为西方的发明，当传播起来的时候，是不分国界的，因此有国际主义的色彩，它讲的是科学的道理、技术的原则，几乎放之四海而皆准。所以同样的一座高楼放在美国可以，放在欧洲、亚洲亦无不可。我们是先需要现代建筑，才慢慢学着欣赏它。那时候的大建筑师都有一套理论，说明为什么现代人需要新的建筑。他们大多用文明演进的观点来肯定现代建筑学的价值，同时为新建筑找到美学的基础。

他们说的虽很有道理，但是因为发展得太快，新建筑虽具有国际性，却不具有普遍性。因为这些道理不是大家都能理解的。就全世界的人类来看，可以全盘接受理性的西方价值的民族少之又少。即使在西方社会，现代理性的文化也不能十分普及。建筑是生活文化的一环，凡是不能改变过去的生活文化的人，就无法接受现代的建筑。而生活文化是若干世纪的累积，不可能因为科技的发明而立刻改变。

所以现代建筑在几十年间征服了全世界，但只限于住在大都市中的，受教育的中、上阶级的居民。它是通过大学的教育与职业的训练进行传播的。它的接受度与一个地方的都市化与教育程度相关。同时也与一个民族抗拒外来文化的坚决程度有关。所以中东与印度，一直不容易接受现代建筑，而台湾地区与新加坡则是最热心接受现代化的地方。在台湾，短短的三十年的发展，很多人已经忘记传统建筑的风貌了。这一点，比起现代科技创先的欧洲，也有过之而无不及。因为欧洲深厚的生活文化，在短时间内也不是容易改变的。何况有些人也很骄傲地抗拒改变。

正是因现代建筑太理性了，一直没有办法融入现代人的感情生活之中，所以到了20世纪60年代，就有建筑行内、行外的呼声，要约制现代建筑的发展。行外的人，要求保持现代建筑进入城市之前的那种社区间的人际关系；行内的人则提出过分理性的建筑缺乏人性的指责。这些都是为后现代建筑的来临铺路。

很多人认为现代社会存在一天，现代建筑是不会消失的，它只是很快地适应社会迅速的改变，但是其本质是不会改变的。什么是现代的本质？就是都市的、科技的。改变的成分是70年代以后的，商业文化的冲击，及90年代以后高科技文化的冲击。这两个因素加起来，把现代建筑的外貌改变了。可是现代人刚刚学着适应现代建筑，他们不可能把它很快地丢掉。整体地说，现在仍然是现代建筑的时代，只是加了一个时髦的包装而已。真正后现代的精神则只表现在比较少数的、突出的作品上。我们也许仍然在后现代的蜕变期吧！

后现代是一种现代精神的反叛，但理不出一个头绪来，没有坚强的根基。有很多的表现，似乎只是为反叛而反叛。早期的后现代，是把传统的语汇找回来，套在现代建筑上，多少有一些道理，可以解决现代人在过分理性与物欲的生活中一丝淡淡的乡愁。这可以说是补现代建筑在感性上的不足。然而有些建筑师为反叛而反叛，把一座崭新的建筑设计成歪斜欲倒的样子，其目的只是引人注目而已。这就是标

· 将传统语汇套在建筑立面的后现代作品，美国新奥尔良的意大利广场（1973）

新立异。

　　不幸的是，后现代的社会就是标新立异的社会。这是商业社会发展至极的现象。自这个观点看，讲究原则的现代建筑是很保守、很古典的。现代建筑精神的失落，是建筑的死亡。建筑不再是有永恒价值的艺术，而成为流行的一部分了。

　　高科技的来临，使这种情形略有好转。

　　首先是电脑技术在建筑与工程技术上有重大的突破。这是20世纪初以来建筑上最大的科技收获。由于此一突破，一方面建筑可以成为精致的技术，另方面建筑可以成为真正的造型艺术。有了这样的进步，高科技建筑几乎可以从后现代建筑中分离出来。有人称之为数字建筑，应称之为超现代建筑。

从建筑技术上说，当代的建筑师要用电脑思考，用电脑来设计，用电脑处理图样，因此过去受绘画限制的因素除去了。丁字尺、三角板的时代进步到电子绘图的时代，使建筑的造型几乎无所不能表现。过去的现代建筑为什么老是以平直为上呢？因为丁字尺、三角板的逻辑就是90度的逻辑。如今这个限制突破了。滑鼠可以跑的都可以画出来。而且不再依赖美工刀与钢尺做模型。你能想象的，电脑都可以为你完成。

结构工程也受惠良多，可以放弃传统柱梁的计算模式，计算建筑师所能想象的造型。过去所不可能的，今天都可以算出来，保证安全。不但如此，高科技的计算能力，正式使直线几何的形式渐渐退出造型世界。由一度空间的直线组成的三度空间，正式由三度空间的线条取代。这种形式只是开始而已。

没有这些高科技的技术，就没有毕尔包鄂的古根海姆美术馆，就没有大阪的飞机场。

说到这里，我已经把要说的交代清楚了。可是我们面临的未来世界，会不会乘着高科技的翅膀远走高飞呢？还要看社会需求的发展。到今天，建筑的形式仍然是新旧杂陈的。传统风格仍然受欢迎，现代主义的造型渐渐立足，后现代的旋风即将消逝，为超现代的来临铺好了路，可是高科技是否将渗入人类生活的深处，还要一段时间的观察。除非高科技的建筑不再限于公共建筑，而可以为住宅建筑通用，否则它就只能是生活的点缀，而不是生活文化的核心。

到21世纪初，真正有运用电脑能力的建筑师仍然凤毛麟角，建筑界赶不上知识工业的快速发展。而社会大众更是如此。我们进入高科技工业的时代，却没有真正进入高科技社会。到目前为止，高科技只是使我们方便些而已，并没有真正改变我们的生活与喜好。

　　同时，经济是否会持续成长，使小康的社会进入大富的社会，让我们都有余力玩高科技的游戏，是非常重要的条件。一直到电脑成为人人不能不用的而且熟悉的工具时，才是真正的电脑时代来临。进入老年的我这一代是不可能了，中、壮年的这一代是否能真正成为电子时代的创建者呢？我也是颇有疑问的。

　　新科技必须在生活文化的基础上建立一个新的建筑思想的基础，能置之四海而皆准，为超现代的建筑形式的普遍化铺路，新的建筑时代才能降临。我推想，大约要到 21 世纪的 30 年代，也就是今天降生的孩子进入工作岗位的时候，新建筑才有建立的可能。

雅
与
俗

雅与俗的观念不知自何时开始成为衡量艺术的一种方式。对于一般大众来说，这样的区分方法是很方便的，而且很容易引起共鸣。世上有很多观念，其实非常抽象，又难以下定义，但人人都以为自己很了解。雅与俗就是这样的一种观念。

雅俗的观念

在传统社会中，雅俗事实上是社会阶层鉴赏品味的区分。公式很简单：上流社会尚"雅"，下流社会尚"俗"。思想上有社会主义倾向的人大多同情"俗"而敌视"雅"。属于"雅"的上流社会的艺术，也被称为"高级"艺术；属于一般群众的艺术，则被称为"民俗"艺术。在传统上，所谓艺术是指高级艺术而言。

以中国传统艺术来看，被认为最有价值的"雅"艺，无非是知识分子们喜欢的书画。书画的作者为知识分子，其价值的判断亦属知识分子，因此在上流社会形成一种自全的价值系统，互相标榜，互相激赏。其次则为铜、瓷、玉器等由以皇帝为中心的上流社会使用并鉴赏的器具。器具的艺术为匠人所制，所以其价值比不上书画，然而为上流社会所独享，乃按照他们的喜好所制作，与一般群众的兴味自然有别。

民众们所喜欢的东西大多是在生活中不可或缺的器物。其精神价值则限于在纯功能之外的装饰，或在宗教的信仰中所必要的象征性的事物，这些事物的意义本不在"艺术"上，而是日常生活的一部分，故被上层社会称为"民艺"。

这样说来，雅俗岂不纯粹是社会立场观点的差异了吗？事实并不尽然。

因为在社会阶层的意义之外，确实另有意指。

第一，"雅"比较重精神，"俗"则偏感官，所以有高雅、低俗之说。比如我国古代贵族的音乐，称为雅乐，是一种一字一音的音乐，完全靠声韵之和谐关系激起共鸣。欣赏者必须有一种高超的领悟力及持续的精神力才能与音乐融为一体。所以雅乐很难有知音。到后来，我国的文化逐渐软化，连宫廷中也放弃雅乐，采取比较柔软、悦目的俗乐。俗乐就是古人说的郑声，就是委婉动人的俗调，容易令人沉醉的、富于装饰性的音乐。

事实上，雅俗的趣味之别并不一定表示贵族们天生都是崇尚典雅，平民一定是粗俗的。这只是生活规范的不同，而自然产生的差异。所以这种传统的界限到了近代就逐渐模糊了，尤其是中产阶级日渐壮大之后。

中产阶级具有贵族与平民双重的特色。他们是平民，所以拥有平民的现实主义的精神，而同情感官主义。同时他们是知识分子，与贵族拥有同样，甚至更丰富的精神的、理想主义的生活境界。因此后世雅俗的意义就有了很大的改变。

第二，"雅"是重形式的，"俗"则重实质，近乎我们常说的典雅与庸俗。贵族的生活中很重视"礼"，礼与雅是分不开的。同样是用餐，典雅的生活方式，在享受食物时，必须避免食欲带来的贪婪的姿态与状貌。在男女关系中，为克制欲念的冲动所设计的一些礼节特别繁复。形式的目的在维持人的尊严，所以是无可厚非的。对于平民而言，这些形式就成为虚礼，不代表任何意义了。他们为生活而奔波，而劳苦；食、色之事，一旦在掌握之中，概直率为之，不拘形迹，是可以想象得到的。

同样的道理，到了近代，贵族社会瓦解，中产阶级兴起后，价值观念有很大的改变。今天我们常常听到有人把一些传统的形式指为"俗礼"，那就是把装模作样的形式看为俗气，不拘形迹的行径反而"不俗"了。

第三，"雅"是精致的，"俗"是粗糙的，也就是我们说的文雅与粗俗。这一点特别反映了贵族生活的特质。贵族是有闲的、富裕的。他们有条件追求基本满足以上的生活。在物质与精神的各层面，他们发展出精致、细巧的兴味。以饮酒为例，欧洲的贵族发展出精致的酿酒技术，也养成了十分敏感的味觉，可以辨别各种名酒的优劣，因此使绅士生活显得精致优雅。而一般平民则常习惯于"大碗喝酒，大口吃肉"，喜欢感官受到强烈的刺激，不懂辨别细微的乐趣。

到今天，平民生活进入闲暇而富裕的时代。"精致"的观念也已经受到挑战。举例说，在传统社会中，完美而多彩的瓷器代表了"精致"，厚重灰暗的陶器代表了"粗糙"。然而在今天，中产社会的市民可以同时在瓷器与陶器中找到"雅"品与"俗"物。

第四，"雅"是少见的，"俗"是一般的，通俗与凡俗都反映此一观念。这样的观念也可回溯到传统社会中。古代的贵族是少数，平民是多数。大多数的民众除了照顾自己的生活外，乃为充实贵族的精致生活而存在。因此流行于贵族社会之物自然是少见，为一般民众使用之物自然是到处可见的。

这一特点由于合乎人类喜新厌旧的特性，所以最有超时代的正确性。任何高雅的艺术品只要重复地出现在我们眼前，其价值即降低，被视为凡俗。尤其工业文明发达以来，贵族时代之宠物被大量生产后，成为一般市民的用具，其高雅性反而不如乡野间粗糙的手工品。同理，在 20 世纪初，汽车是高雅的代步工具，马匹是大众日常生活的代步牲畜；到今天马匹反而有了绝对的高雅的气质，非常人所可企望的了。

建筑特有的雅俗观念

很抱歉，谈论雅俗半天，尚没有说到建筑。其实读者若赞同我上文的意见，解释到建筑上是很容易的。下面就建筑的雅俗应该特别注意之处略加补充。

首先，用社会阶层的趣味区分雅俗并不完全能用在建筑上，因为古代民间的建筑不是一种艺术，只是一种生活的掩蔽体。等到文明发达，民间略为富裕时，帝王则颁订各种建筑的制度，使民间建筑得不到顺利的发展。因此建筑在传统社会中，艺术的成分不及其象征的功用。

以中国的情形来说，自宋代以后，帝王、官僚、巨商逐渐形成一条阵线，包括建筑在内的一切艺术都在他们手里。而民间则保持朴实、率真的生活方式，直到今天。若自中国读书人的标准看来，反而民间的建筑合乎"雅"的原则，上层社会则流于庸俗了。

中国自六朝以后，读书人以道家的思想为中心，逐渐发展出一种世外的观念。这种观念表达在生活与艺术上，就为后世的中国人视为高、雅。这是外国文化中所不具备的一种特色。由于这种隐逸的出世的思想受到各阶层的尊重，大家就不期然地接受了一种价值观，即这世界是俗气的，不论贫富贵贱，都是平庸凡俗的。因此在野的读书人就把世界一分为二，凡是代表世上荣华富贵的无不鄙俗，凡是超乎名利之追逐的无不清雅。

在生活与艺术上，自元代以来即有"淡雅"的观念，表达这种高超的境界，淡近乎无，所以仍可看出道家精神的影响。平淡的境界的追求与朴实、率真的民风相结合，创造出我国很独特的重自然的艺术。那么高士的生活与一般俗世农民的生活有什么不同呢？

在物质面上，并没有什么不同；在精神面上，高士是出世的，故连一般的民间信仰也抛开了，最后剩下的是竹篱茅舍与琴棋书画。在中国历史上也许很少这样完全合乎标准的高士，然而毫无疑问的，这样的高士是中国知识分子心目中的圣者。所以以中国人的标准，竹篱茅舍是雅，自宫殿到农舍都是俗的。而比较起来，农舍近雅，官舍就不能免俗了。

所以建筑上的俗，首先是指象征世俗富贵观念的东西。豪富之家，雕梁画栋，朱门绿瓦，为财富与权力的象征，是庸俗的。知识分子做了官就不能免俗，所以就发展出融合了儒道精神的中国庭园艺术，以保持一份清雅之气。然而既做了官就很难完全摆脱财富的影响，中国的园林与竹篱茅舍的理想相去已经甚远了。

民间的建筑虽然不及官舍富丽堂皇，然而民间所追求的目标相同，只是力有未逮而已，故其建筑属于"民俗"范围。民间艺术的缺点是千篇一律，在广大的地区中，建筑上的手法完全一致，因此病在"通俗"。今天的一些年轻人喜爱民俗品，常说民间富于创造力，其实是不正确的。那只是城里人初见民俗品所产生的新鲜感而已。如果抛开传统士人所标榜的高雅不谈，则建筑上最忌的就是上面所说的庸俗与通俗，就是

· 融合儒道精神的中国庭园，苏州网师园

· 雅洁的现代建筑，哈佛大学研究生宿舍（1949）

追随一般大众的审美标准，落入象征的窠臼而流于平庸。所以追求"雅"字，含有一种创新的，不同于流俗的意味，也含有一种个人的、敏感的、观照的、精神生活的意味。我在拙著《明清建筑二论》中曾就我国士人的建筑观加以分析，就是说明他们追求的目标不脱一个"雅"字。

"雅"字在文雅、典雅的一面是传统的、保守的、集体的，在清雅、高雅的一面是创新的、进步的、个人的。由于这两种意义互相矛盾，所以使雅俗的定义常常随时代的转移而改变，常常缺乏共识性，得不到大多数人共同的认定。在保守的时代，它的传统的一面就出现了，在动荡的时代，它的创新的一面就出现了。而在今天多重价值的时代中，建筑界内部不再以这样抽象的字眼来评论，以避免无谓的争论。我在此讨论雅、俗，不过借题发挥，向读者报告价值观念的难以掌握而已。

人工与自然

在建筑的理论中，也有关于人工与自然的讨论。这一部分的理论有两个层面，第一个层面是哲学问题，讨论建筑应该表达人工美，还有自然美。（美字是我加上去的，目的是使读者比较容易掌握其意义。）这和古典与浪漫的对立多少有点相似。第二个层面则是一个艺术手法的问题，讨论怎样才是人工的效果，怎样才是自然的效果。

由于这个观念很细微，不容易对一般行外的读者们在建筑上说明，让我先用园景艺术来解释吧！

我先请读者们思考几个问题：

一、你喜欢人工的庭园还是自然的庭园？

二、你觉得中国式庭园是近乎自然的吗？

三、一株榕树剪成鸟的形状，是不是自然？

让我们先谈谈第三个问题。我相信大家都会不假思索地回答，不自然！但为什么呢？一株榕树剪成很生动的鸟，使我们看了感到愉快，鸟是自然物，为什么说它不自然呢？我曾把这话问我读中学的女儿，她告诉我，树就是树，鸟就是鸟，把树变成鸟就是不自然。相信大家都会有同样的感觉。

这一点看上去稀松平常，但却关联着很重要的观念。原来所谓自然者，就是"树就是树，鸟就是鸟"的道理。深一层说明，树有树性，鸟有鸟性,大自然赋予每一造物一种独特的生命,它把这生命展现出来,就有一种独特的外观,发射出独有光辉。顺乎这物性,就是切近自然。榕树剪成鸟是一件很荒唐的事,不但榕树的生命与外观被伤害了,树叶剪成的鸟何尝有一点鸟的神韵?从自然的观点看,这是不可饶恕的行为。请各位记住这一观念。

但这是否表示榕树剪成鸟形一定是不对的?不然。对不对是个人判断的问题,也是文化素养的问题。这就回到第一个问题了。我们中国人向来比较倾向于自然,在文学上、思想上都歌颂自然,所以我推想大家对这个问题会不假思索地回答:当然喜欢自然庭园。但这样的反应并不表示大家真正都喜欢自然庭园。比如说,台湾有些游乐场或公园,习惯在入口的地方,用花、木做成图案,一方面迎宾,同时要给人好的印象,都说明我们是重视几何花园的。

可见在骨子里,我们都是很喜欢人工的。上帝照他自己的形象造了人,人有与上帝分庭抗礼的愿望。花草树木不过是人类役使的奴隶而已,与牛马何异?我们能把自然界中的牲畜,套上缰索,让它温顺地照我们的意思耕出整齐的阡陌纵横的农田,又何尝不能把花草树木当成仆役,成行成列,或圆或方,照我们的爱好生长出五彩缤纷的图案?所以有人说,没有能力的人爱好自然,有本事的人改造自然,不能说没有它的道理。西方的基督教哲学就是主张改造自然的。

大家都知道欧洲大陆的庭园是几何式的。这种人工庭园自中古就开始,到17世纪的贵族宫苑才大量发展,到法国的凡尔赛宫,就是最高潮了。我在欧洲旅行时,看到大大小小很多这种几何庭园,有些确实精彩,连我这种痛恨凡尔赛式园景的中国人也不得不为之感动。原来几何式庭园与绣花艺术是一样的,只是人可以走进去,用的材料不

· 欧洲贵族宫苑的几何式庭园，维也纳美泉宫（1775）

是花线而是自然物而已。

在台湾虽看不到第一流的几何庭园，它的影响却到处可见。有钱人家喜欢喷水池，或把冬青剪成整齐围篱，围成圆形、方形，或让椰子树列队站岗等，都是人工庭园的精神。为什么大家喜欢高丽草？因为它有人工的味道，几乎与塑胶草坪一样的整齐。

假如考虑了上文中的解释，你的答复还是喜欢自然式庭园，就让我们来谈谈第二个问题。

很多学庭园设计或建筑设计的朋友，都当然认定中国庭园的特点就是"自然"。这好像是毋庸置疑的结论。你是不是也这样觉得？表面看上去是不错的。中国的庭园有山有水，法乎自然，能有错吗？

我请各位回想起第三个问题的结论：谈自然，就必须发挥自然物的物性。中国式的庭园有没有做到这一点呢？恐怕是很值得研究的问题。所以我常常冒着被批评的危险，表示我的意见：中国的自然庭园是不自然的。

在我看来，一般的中国式庭园与榕树修剪为鸟形，在基本的观念上没有太大的差别。中国式庭园利用树木水石，塑造一个自然景观的缩影。这是大家所喜欢的。但这自然的缩影就是合乎自然吗？榕树修剪成鸟，岂不也是自然物的塑造？利用有机的材料塑造一只鸟，与塑造一个自然的布景，有理论上的分别吗？

所以中国式园景是相当人工的。园景是一种艺术，艺术就要通过人的创造，而人的造物无不有人工的成分在内。这是无可厚非的。严格地说起来，世上没有真正的自然庭园，只有人工的几何园景与人工的自然园景，中国的庭园则属于人工成分较重的自然园景而已。

与绘画比照看看，这观念就很清楚了。外国的绘画，有抽象画，有写实画。他们的抽象画就如同几何式庭园，是完全观念性的人造物，他们的写实画就相当于自然式庭园，是以自然的模仿为目的。而我们的中国画，既不抽象，也不写实，介乎两者之间，是一种概念性的写实。中国画的精神就反映了中国庭园的精神。所以与西方的造景观念比起来，他们有完全人工的几何式，亦有尽量接近真实的自然式，我们的庭园则是属于概念性的自然式，并不如西方的自然庭园来得"自然"。所以比较近乎自然的庭园是英国式。

有些中国人到过英国，或到过接受英国传统的美国，看到他们的自然庭园，以为是中国庭园出国，影响英国的文化。这个说法也有一点历史的根据，那就是在18世纪时，中、西交通频繁，我国的儒学、建筑与庭园对欧洲都产生了某种程度的影响。英国甚至有中国庭园的书出版。我曾有一度十分相信英国园景受中国影响之说，但看了那些书后就不相信了。那几本书的内容与图样，简直是天方夜谭样的夸张，

· 追求自然风景的英国庭园，伦敦邱园一隅

哪里有这样肤浅的介绍，可以创造英国那样深厚的园景传统的呢？

英国自然庭园的根基有二：一为英国文化的乡野传统。英国贵族以乡间之大宅为家，到伦敦去是做客。他们不时回去骑马，在林野中奔跑取乐，所以是自心底喜欢自然的。二为卢梭以来的自然主义论者，加上自然派画家的推动，把大自然的美加以浪漫的渲染，使英国人在观念上把自然风景神圣化了。至于中国的影响，比较极端的可以在维多利亚时代的邱园（Kew Garden）中看到一点；比较温和的，伦敦的圣詹姆斯公园里有一点。总体地看，谈不上直接的关系。

在一次论文考试中，我问一个考生中英两国自然庭园的分别，他答不出来。其实两种庭园都是在模拟自然景观，所不同的，英国人宁以真实自然为蓝本，希望观者看不出其人工的痕迹；中国人，除了帝王苑囿之外，是塑造一个小天地，表达了胸中的自然，故人工的痕迹

· 伦敦邱园内的中式宝塔

十分显著。到后来，如盆栽等艺术，实在等于比赛人工塑造自然的能力，更不在话下了。

其实中国人在唐宋是很讲究"自然"的。我们把人工造物能切合自然的原则，描写为"鬼斧神工"。但是我们太贪了，老是希望拥有自然的一切。加上后来受到禅宗"一粒沙里见世界"的思想的影响，就认真在小小的局面中造起世界来。所以大自颐和园，经苏杭一带的面积不过数亩的名园，到民家前院十坪八坪的院子，再小至一尺不到的盆景，所表达的内容完全一样，都要有山有水，林木蓊郁，小桥人家，僧院宝塔。难怪总有点令人感到壅塞。

英国人也希望有一个包容自然的全景。如丘吉尔诞生的布兰溪宫的园景，虽全属人为，然山水林木，确令人感到心旷神怡，而无斧凿痕。这是规模大的。遇到小规模的公园，他们的态度是不勉强塞些东西进去。若有几英亩，就设法弄个水池，放些鹅、鸭进去，如遇地形的起伏，就顺势弄点山坡，总以大树草坪为主；实在太小，就在草坪上种几棵树就好了。总之，他们只要自然的一片，或为一大片，或为一小片，并不想把阿尔卑斯山搬到家里。

谈到这里，已经把人工与自然的观念交代得很清楚了。我绝没有贬抑中国庭园的意思，只是说明这个道理。下面我简单谈谈建筑上的人工与自然。

建筑上的这番道理，可以拿女孩子化妆来说明。凡是建筑均为人工，凡是化妆，亦均属人工。然而淡扫娥眉与粉颊朱唇之传统性的化妆，就是自然派。它的目的是使醉心的男士不觉得那是经过化妆的面孔，乃用人力帮大自然的忙，使更具魅力而已。颊原应有粉红的意味，唇原来是成熟的朱红。这是顺乎自然。一个好的自然派化妆师，要与画家一样的"妙手天成"。

人工的化妆是另一套。比如纹身，把动物画在脸上，是极端人工的路子。贵妇人的宴会妆，常忘记自己是一个女人，而化妆为活的艺术品。因此为了配合衣服的颜色，头发要染，嘴唇可能是黑的，脸颊可能是紫的。让乡下人看到，会以为是恶鬼下凡，然而你如真与她同席，又觉得是一种高贵的艺术。

在建筑上也是一样的。应该怎样就怎样的建筑就是自然的建筑。应向东偏向西的建筑就是人工的建筑。自然是温和的，是顺遂的，其目的是和谐。人工是强烈的，是对抗的，其目的是惊世骇俗。（人工中所展现的优雅是理性文化的一面，参考《古典与浪漫》一文。）在人生中，这两种情况都有必要，因此两种建筑亦都有必要。我们中国人的文化是相当人工性的，所以在我的经验中，中国人仍以喜欢人工意味的较多。只是因为观念上的错误，把人工称为自然而已。

建筑中的永恒

如果建筑是一种艺术，则建筑家所追求的必然是一种永恒的价值。这事实上是一切艺术家的特权。他们的生命的意义，就是把创造力凝聚到作品中，希望得到一种超乎时代的价值。真正投注生命力于创作的艺术家，能够有一种献身的狂热，就是他们相信燃烧他们自己的生命，可以为后世留下重要的精神资产。这种情形尤其以在近代为然。现代的艺术家最大的野心也许就是与历史上有名的艺术家同列史册，作品为后世万代景仰。这不一定能做得到，但却是重要的原动力。

什么是"永恒"？

在建筑中要讨论永恒，必须自两方面着眼。第一方面是与其他艺术相通的，艺术的永恒价值问题。究竟艺术有没有永恒价值？大部分人都会不假思索地做肯定的答复。但这是很值得讨论的。因为在理论界也有一些人会否定所谓永恒的价值。

这些持有否定论的朋友们并不觉得历史上的著名艺术品真正有了不起的价值。他们认为那些艺术品的价值实在是被所谓批评家们吹捧出来的，而广大的民众只是被批评家牵着鼻子走而已。

这样的意见也许过分激烈了一点，但细想起来也不无道理。我曾经问我的学生，达·芬奇的《蒙娜丽莎》究竟有什么了不起？没有一个人说出具体的理由。连续问他们三个问题，这些年轻人就开始怀疑《蒙娜丽莎》的价值了。其实不一定要问学生，我自己可以坦白地说，对于某些有名的艺术品的价值，乃是以权威的意见为意见的。照理说，像我这样喜欢欣赏绘画，又读了不少理论，甚至被许多人误认为专家的人，至少有自己的判断吧？然而亦并不能完全如此。在西洋的现代美术中，我始终不能真正体会到塞尚与康定斯基的作品价值。我自书本上了解他们的历史地位，然而我承认他们的永恒性只是因为大家都承认而已。说起来很不好意思的，我国在艺术史上声望不下于塞尚的八大山人的作品也没法得到我的激赏。

我坦白如上，但也相信世上大多数的专家与一般民众要依赖权威的意见下判断，只是大多不肯承认而已。所以有些作品的价值确实因为大家传述、颂扬的结果。艺术价值的传颂与现代广告术之间并没有太大的区别，有一种众口铄金的效果。所以在建筑上有些人甚至对于希腊巴特农神庙的永恒价值提出怀疑。这座神庙在西方艺术史上被公认为最有价值的作品已经数百年了。

我谈这个问题，并不希望读者朋友们相信艺术上没有永恒价值，而是打算借此撇开艺术上的价值争论不谈，在本文中谈些特别属于建筑的"永恒"问题。

建筑上特有的永恒问题是相当物质的，那就是建筑的材料。这样说似乎很肤浅。因为把永恒这样一种精神的境界与建筑材料的耐久性相提并论，看上去好像不伦不类。然而在这里我要谈的就是这样一个看似没有意义的观点。

物质的精神内涵

说起来也不难明白，材料在建筑艺术中占有非常重要的地位。用木材建一栋房子，要求其庄严、雄伟，表达出稳重的感觉，是不太容易的。同理，用石头砌一栋房子，要表现轻快、灵巧，也是事倍功半的。

在这方面，建筑与雕刻很接近，其精神的内涵必须透过适当的物质才能表达出来。亨利·摩尔（Henry Moore，1898—1986）雕刻作品的壮阔雄浑的气势，完全靠表面凿得粗糙的石材。西方建筑史上中世纪宗教建筑大多也是因其石材的材质而使人动容的。建筑与雕刻同样地因材料的素质而产生一种永恒感，也就是外国人喜欢谈到的纪念性。

简单地说，大凡一种耐久的材料，给我们一种突破时间限制的感觉，而一种不耐久的材料，令人感到其生命的脆弱与短暂。为什么这样简单的推理会有很深远的影响呢？因为在人类的心灵中，一直潜存着一种对死亡的恐惧，对生命消失于无形所感到的无尽的惆怅。自这个角度看，人类生命的过程就是与时间的斗争。艺术家们对生命特别敏感，他们自然希望其生命因作品而无限生存下去。纪念性的建筑与雕刻，暴露在大自然的风雨侵蚀之下，特别有抗拒时间的必要。因此很自然的，艺术家个人生命的投射与建筑或雕刻的耐久性，就产生一种奇妙的情绪上的融合。

说起来这是一种生命的悲剧。石头比较耐久，但在无限的时间向度中，其寿命也是短暂的。然而人类仍然尽量争取永恒感觉。西方人表现在建筑与雕刻上，我国人则使用碑刻。建筑即使是用石块堆成的金字塔，到几千年后的今天，也逐渐倾塌了。刻在巨石上的汉碑唐刻，字迹也渐模糊了。西方人就在这样的宗教般的情绪中，缔造了他们的建筑文化。

西方的建筑学者初到远东来的时候，很看不起我国的建筑，其主要的原因，就是我国建筑以使用木材为主，忽略了建筑艺术的纪念性。我国的建筑不但使用木材，而且在木材的表面涂抹了一层华丽的色彩，使习惯于宗教感情的西方学者大不以为然。他们觉得我们对生命的感觉太不严肃了。

基于他们的原则，在材料的选择上，自埃及以降以石材为上，当然以坚硬的花岗石为最上材。石材之下为砖，砖为石之代用品。只有不得已时才用木材。

由于这样的选材原则，西方人比中国人较喜欢古老的建筑。他们尊重永恒的感觉，因此也尊重突破时间的磨蚀，终于保留到我们眼前的古迹。事实上，由于西方古代的重要建筑都使用耐久的材料，在古代文化的保存与古代传统的研究方面，有很多的方便。我觉得西方人在如此快速发展的现代化过程中，居然保留了浓厚的传统文化色彩，与他们的纪念性艺术是有密不可分的关系的。到今天，我们走进一个西欧的市镇，立刻就忘记自己生存在太空时代的 21 世纪。

中国人的永恒感

若从这个角度看我们的建筑传统，反映我们文化没有深厚的宗教感情。这一点并算不了什么缺点，只是说明我们没有利用建筑作为追求永恒感的工具而已。我们中国人古来就是唯生主义者，对于生生不息的自然现象由感到奇妙，而生崇敬，形成正统哲学思想中的一部分。了解自然界生命交替的道理，就看透了生死的意义。所以我们没有发明大套死后升天的宗教。也许由于这个原因，反映在建筑上的并不是对时间有抗拒性的材料，而是生物性的不断的推陈出新，配合了生命中不可避免的起伏与激荡。因此建筑是生命的一部分，不必以有涯的材料去抗拒无尽的时间，而却随着生生不息的人类的生命，一再地以新面目出现。

木材来自树木，而树木给我们以生命的感觉。事实上木材的寿命大体与人类生命的周期相配合。木材易招虫蚀，易毁于水、火等灾。但一般说来，如无特殊意外，木建筑如要保持完整，大约二三十年需要大修一次（台湾的老建筑，由于施工粗率，而台湾地震多，故十几年就要大修）。二三十年正是人间的一代。上代的建筑，到了下一代成熟的时候，建筑也到了该重整的时候了。对新生代而言，一方面，这是一种传承的责任，他们应该肩负起来，同时也是一种机会，使他们可以推陈出新。

木材实际的寿命当然不止于此。良好的木材在干燥的地区，如善加维护，也可有千年的寿命。一般的木材，在小心维护使用下，百年的寿命应无问题。但这都是特例。台湾传统建筑在百年左右的，均残破不堪。因此我们自常理推论，木材予人的感受，是顺适自然的，是承认渐与变为生命之本质的。

所以木材代表的观念是"常变"。"常变"似乎与"永恒"是对立的，但仔细推究起来，常变才是真正的永恒。我们要依赖后代生生不息而得到永恒，而不是把自己修成一个金刚不坏之体。

这一点我们与日本有相通之处。日本也是木材建筑国家，而且受过中国文化的影响。他们的伊势神宫，是纪念天皇始祖的最重要的庙宇。庙不大，但建筑十分精巧。为了保持神庙的完美，且不受损伤，虽然

· 受中国影响的日本木造建筑，京都三十三间堂

使用了上好的木材，还是固定的每二十年重建一次。因此他们在一处准备了两个位置，每二十年换新一次，为了尊崇，并不修理，乃重新完全依样建造。

在这里我们可以看出，中、日文化之间似同实异的所在。在使用木材、承认木材需要不断更新的观念上是相同的。超过这一点，观念就大为歧异了。日本是一个有宗教情感的民族，他们是重传统的，比西方人具有更浓厚的悲剧性。木材更新而庙宇完全遵照传统，事实上是最有效的与时间抗衡的办法。比起西方人使用石材还要有效得多。

在我国，从来没有人提出建筑要完全仿古重造的观念。相反地，后代在重修建筑时，总抱有"光大门楣"的打算，除非子孙不肖，是不会马虎修修了事的。因此，我国人的更新观念并不是更新材质，而是"万象更新"。我们是用全面更新来歌颂祖先的伟大，而不是把古人留下的东西原样保留。也是由于这样的传统，到今天，我们在古老建筑的保存上遭遇了很大的困难。

这是文化传统的问题。建筑的永恒感，虽然必须用材料来表达，但是通过材料的运用，我们可以看出某一文化对生命价值的看法。我们走到一个香火鼎盛的庙里，看到民间的虔诚用他们的方法表达在庙宇建筑上面。他们不断地涂金抹红，不断地改造建筑，使之更华丽、更繁细、更俗气，然而在眼花缭乱的建筑环境中，你看到香烟缭绕，你感到这是大部分中国人生命寄托的所在，也就是他们心中的永恒。

建筑的文学性

一般说起来，建筑是视觉美术的一种，又是应用艺术，很少理论家把它与文学联结在一起。在前文《凝固的音乐》中，我曾提到建筑与音乐的关系，部分是基于两者之间有共同的数学的牵连，有数学史上的姻亲关系。那么建筑与文学又有什么关系呢？认真地说，应该是没有关系的。然而我觉得建筑确实有一种"文学性"的特质，为某一类建筑所特有的。我并不是故弄玄虚。因为每当我看到某类建筑的时候，就感到一种文学性的情绪。

　　我把自己的感觉加以分析，觉得可以自三个角度来建立文学与建筑的关系。

梦样的建筑

　　第一种关系是与小说的牵连。这是最明显的一种关系。喜欢读小说的人都知道，英国自 19 世纪以来，有一种浪漫趣味浓厚的小说是以建筑为背景的，最著名的例子是《呼啸山庄》（*Wuthering Heights*），毛姆甚至把它选为世界十大小说之一。当然，每一本小说都有背景，或建筑的背景，如同每一出戏都有布景一样。可是在这类小说中，自首至尾，有一种浓郁的气氛贯穿着，支配了读者的情绪；这种气氛则

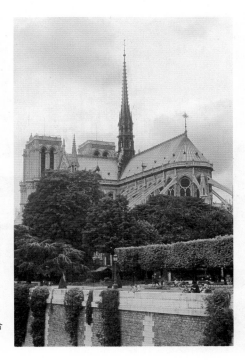

· 与小说《巴黎圣母院》结合
的巴黎圣母院

是由书中的建筑散发出来的。由于这类小说，有炽烈的爱情，有神秘
的故事，颇为读者所喜爱，一直到今天，仍不断有新的创作出现。因
为故事的背景永远是英国某地的一座古堡，美国人习惯称之为哥特式
小说。

顾名思义，哥特式小说就是中世纪式小说的意思；这小说中建筑
的气氛是古老而神秘的，同时是浪漫的。其实这类小说不仅是英国才
有的，像我们熟悉的《巴黎圣母院》（ *Notre-Dame de Paris* ），则是法国
的浪漫主义作品。我觉得这类小说与建筑的密切关系，在于小说创作
的灵感很可能是自古老的建筑所激发的情怀而发生。建筑是故事灵感的

· 中世纪的古堡仿佛是梦样的建筑

来源，而不是临时找来凑角的背景。

这种小说盛行于英国是有道理的，英国是保存中世纪堡垒与宅第最多的国家。在英国旅行，时常在山村或水边，不期然地遇到一座古老的堡垒的残迹，或尚为人居住的宅第。这些建筑经过几百年的风霜，其苍老的面貌衬托在万世常新的大自然环境中，确实予人以强烈的混杂着悲戚的感受。这些建筑的造型又是如此繁复而富于变化，巨石砌壁，细雕嵌装，在青藤掩盖下，想象建设古堡的英雄，令人不禁生"而今安在哉"之叹！一些富于想象力的作家，会推想这些建筑尚为主人所居住的时候，中间可能发生的悲欢离合的故事，以及这座壮丽的建筑突然为人遗弃的本末。

维多利亚时代以后的浪漫故事的作者不同于19世纪初浪漫主义者，在于他们的主人翁是现代人，至少是19世纪的人物，不像早期是以中世纪建筑述说中世纪的故事。因此他们自己感受到思古的幽情，可以借故事中的主人翁充分地表达出来。

这种足以启发文学情思的建筑，我称之为梦样的建筑。它的特色是完全脱离现实，令人产生时间与空间的错乱感。这样的建筑除了英国的古堡之外，在真实世界上是否存在呢？是存在的。自一种角度看，美国的民居建筑或多或少都蒙着一层梦境的色彩。

在美国，有钱的人很容易达到古代英国贵族的标准，在原野中建造一座庞大的住宅。这些新贵大多会把自己幻想成古代贵族，为自己建造一堡垒或领主宅邸。所以美国各地时时可看到与时空背景不符但极具浪漫色彩的梦境一般美丽的建筑。所以我曾指出自建筑上看，美国人确实勇于做梦，而且能使梦境实现，而这种梦样的建筑，其本质就是文学的、故事性的。

在我国有没有类似的建筑呢？我承认在本质上，中国建筑是缺乏故事性的，因为其外观缺乏多变化的、神秘的启发力。但也许是巧合，我国最大的两部爱情故事，《西厢记》与《红楼梦》，都是以建筑物为名的。

以《红楼梦》来说，把一个悲欢离合、动人心魄的故事，看作"红楼一梦"，可以看出"红楼"所能启发的文学的想象。至于故事内是没有红楼的，却有一个大观园。自文章的描写研究起来，大观园大概是一座典型明清时代的大型庭园。如果没有《红楼梦》，我们对先代园林的了解，不过是一些奇石异草、亭台楼阁，很难想象其中的人间戏剧。反过来说，传统的庭园，如林家花园是有浓厚的文学性的。自纯粹视觉空间建筑的客观标准来衡量，明清庭园的艺术价值是很有限的，其意义在拙著《明清建筑二论》中曾加阐述。

诗情的建筑

建筑与文学之间的第二种牵连是小品性、抒情性的，也可说是诗情的关系。

实在说来，这一点和小说与建筑的关系并没有根本的不同，只是后者是大块文章，对观者的心理有一种强力的悲剧性的压抑感，而前者则比较轻松，予人一丝灵动的情意而已。建筑上的诗情，是随时随地都可以发现的，不必要到山村古堡中去寻找。

所以凡在建筑物的功能之外，带着一些浪漫情趣的，都可以归于诗情的一类。最普通的情思就是思古之幽情。比较常见的例子是美国中产阶级的住宅，而为国人容易见到的是美国西部的墨西哥式民宅。

记得我初到美国的时候，在旧金山一带上陆，对美国人把房子盖成泥塑玩具的模样，然后添上红红绿绿的颜色，感到不能了解。过了一阵，才了解美国人在居住生活中所寻求的乐趣。他们并不十分在意真实，却醉心于生活的细小处一点诗情画意的美感。泥塑的感觉与花草的点缀只代表那一丝情意而已。

我国人把"诗情"与"画意"连在一起，确实有道理。有浪漫意味的诗与画是可以互相诠释的。但是我还是要借此机会向读者们卖弄一番：把诗情与画意在建筑上的区别分析出来。

有画意的建筑，可以解释成适于入画的建筑。西方的画家，自文艺复兴后期以来，很喜欢以建筑为对象作画。他们特别喜欢那些有光影变化的古建筑，与富于地方风味的农村建筑，这一点，毫无疑问是与思古之幽情有关系的。

至于诗情的建筑，却不一定有美丽的光影变化，或动人的构图。单单美观是不够的。诗情的启发尚需要一些想象力，把人物的活动也包括在内。这就是绘画与文学之间的不同了。1967年夏，我在意大利北部的一些小城中闲逛。到了维尔那（Verona），拜访了一座中世纪的市屋，据说是莎翁名剧《罗密欧与朱丽叶》中的主人翁的住宅。这是一座普通的市屋，但有一个突出的阳台，有哥特式的装饰，大约就是那一对热恋中的男女互通思慕之情的地方。由于这样的传说，那座住宅的外貌忽然活泼起来了。我们似乎看到拱窗的后面有一个美丽忧郁的面孔在移动着，看到她羞涩怯懦地出现在阳台上，回忆着恋人的呼唤。

说得更明白一点，诗情的建筑是一种舞台的建筑。思古的幽情并不是必要的，只是古老的意味会更生动地造成舞台的、戏剧的想象而已。如果把这个意思用建筑的语言表达出来，就是诗情的建筑需要暗示人物活动的空间变化。由于是抒情的与小品的，这种空间的暗示并不必要庞大繁复，只要点出诗意的联想就够了。几步梯阶，半片拱门，一个小阳台，一节小栏杆，能够烘托出诗的想象就可以了。

以上提到的是西方人的诗情。其实在我国，也可自诗词歌赋中找出建筑作为诗意催化剂的例子。最明显的是五代以后的词与曲，在描述缠绵的恋情，或怨妇的悲戚时，建筑是不可免的道具。所以"小楼""朱栏""庭院""玉阶"，成为思春的美人不可少的背景，时常在词曲中出现，简直成为俗套了。中国古代的诗人，看到白粉的院墙，中有红色秋千架，几株梧桐树，就有仙人般美女的想象了。

童话的建筑

在建筑的文学性中，很特殊的一类，是与童话有关的。这类建筑与实际的建筑关系不大，建造的数量也很少，但是最能使大众热血沸腾，感到无比的欢乐。在现代美国的建筑家中，不乏以创造神奇境界为目标的理论家，只是在现实世界中，这种惊世骇俗的主张不太容易被大众认可而已。

最为人所知的童话性建筑，无过于迪士尼乐园中的天使堡垒。认真地说起来，它不过是一具大玩具而已，然而它点燃了孩子们的热情，带回了成人们的童心。其吸引力很快就被商人们所用了。

简单地说，童话的建筑是没有严肃性的，却充满了娱乐意味，带有浓厚的自我讥讽的幽默感。因为本是游戏性的，颇为玩世不恭的建筑界朋友所爱。比如在日本东京的大街上，就造了一个小型的迪士尼式的古堡，令人看了不知是好笑还是可恶，这正是建造者希望造成的感受，因为他看不起整天板起脸孔的玻璃大厦，及它们有钱的、装模作样的主人们。

童话式建筑日渐流行起来。在美国，可看到很多类似的建筑计划。在加州，我到过一个"小丹麦"村（Solvang），他们完全仿照丹麦村落建造了一个环境，到那里的人，无不觉走进童话之中。有北欧特有的风车，有丹麦乡下的教堂，有穿了丹麦衣服、准备丹麦食品以待客的商店服务员。只有在语言中才辨识他们是道地的美国人。不论是成人或孩子，都希望在令人厌倦的现实生活中，插入一些幻想的片段。这在现代人的心理上是非常需要的一种调剂。

这种建筑不一定走仿古的路线，也可以奇幻取胜，以现代的技巧，造出许多令人惊异的幻境。到这种地步，与商业性活动就更难分开了。然而在大众建筑的路线上，也是建筑家们发挥想象力的园地。有些人认为我是严肃的建筑从业者，其实在我内心深处，也很希望有机会为孩子们创造一个供他们欢笑、令他们惊异的环境呢！

建筑游戏

有些美学家认为艺术的起源是自人类的游戏中产生的。这派学者的论调虽然不能普遍为众人接受，却也有几分道理。游戏是一种悠闲、轻松、开朗心情下的产物，只有在这种心情下，人类的灵性才能呈现，创造力才能被释放出来。持有游戏论调的美学家，同时也了解，在人类为了求生存而挣扎的过程中，艺术的心情不容易产生，只有在生存条件之上，寻求心灵满足的时候，艺术才成为大家注目的对象。

建筑之为艺术，也可用游戏的理论来解释吗？

一般说来，游戏论是不能为建筑理论家所接受的。我相信，反对游戏论的美学家，很重要的理由就是游戏论不适用于建筑。建筑在传统的美术（建筑、绘画、雕刻）中由于功能与结构双方面的限制，是相当理性、相当严肃的。从建筑的发展看，把宗教的象征视为美术的起源较容易令人接受。早期的建筑艺术几乎完全集中于宗教建筑。由于仪式与象征的需要，宗教建筑乃有一定之规模，乃有华丽的雕饰，乃有特定的空间组合，并因而导出特定的结构体系。诚然，建筑正统的艺术中，游戏的情绪丝毫都不存在的。

游戏始于装饰

由于这个问题尚没有人研究过，我在此短文中，就思索所得，简单向读者报告。

以我看来，建筑上的游戏心情是从装饰开始。只有装饰是在比较轻松的心情下创作出来的。这时候最辛苦的结构体的建设已经过去了，装饰又没有一定的规律可循，匠人偶尔显露一点幽默感是可能的。

古希腊人太严肃、太理性了，就我所知，尚找不到类似的例子。古罗马后期，在文明的性质上，应已具有幽默的条件，相信当时的建筑装饰中必有游戏之作，可惜罗马建筑不同于上代者，乃使用石片浮贴，大多不能保存。但在剩余至今的马赛克画上，可看到轻松愉快的一面。

其实罗马后期使用圆拱与柱子作装饰，至今流传下来的花样繁多，已经看出一种游戏心情了。在哈德良大帝的别庄废墟里，到今天还可感觉到当时的建筑师玩弄柱廊的游戏。罗马人是最早使用结构体与空间的变化以创造趣味的民族。

真正表现了装饰的游戏趣味的是欧洲中世纪的教堂。照说教堂是一个很严肃的地方。这是今天新教徒的观念，在中世纪并不是这样。当时的人民一生大部分时期与教堂相处，其喜怒哀乐几乎都在教堂内外进行着。在建造的期间，匠师们的心情充满着愉快与轻松的意味，有时候就把他们的幽默感表达出来了。

表现得有趣的是早期柱头上的雕刻，当时很多雕饰都是工人就《圣经》故事，或魔鬼、地狱等传说自由创作的。对于耶稣或圣贤之造像，他们当然不敢马虎，总雕得呆板、严肃，魔鬼等题材却可由他们杜撰。我们常说"画鬼容易画人难"，大约就是这个道理，魔鬼就成为他们刀下的小丑了。

我觉得在装饰上的幽默感与当时的文明有某种关联。中世纪是小丑流行的时代，也是欧洲人生活最艰苦，大多数人难求温饱的时代。

丑角的嘻皮笑脸是悲剧性生活中的一点调剂。游戏人生就是小丑的精神，不期然表现在天主堂的艺术上。可惜这种幽默感被后世熟练的技巧与刻板的制度取代了。

中世纪之后，就是板起脸来的文艺复兴，建筑就失掉幽默感了。直到 17 世纪以后，欧洲人在建筑上的游乐心情恢复，装饰才热闹起来。德国的巴洛克建筑室外雕刻装饰都是各种惹人发笑的人像，室内天花则是装饰得十分繁复的绘画，常常是蓝天与美丽的天使。到 18 世纪，室内的绘饰，进一步在宗教主题上表现出游戏的意味，喜欢把肥嘟嘟光屁股的小娃娃当天使。有些特别着意装饰的，还特别把这些又像天使，又像爱神的娃娃，用石膏塑成立体雕塑，凸出于壁上，如同在天花上飞翔，实在是游戏得过分了。

构造的与结构的游戏

建筑游戏的第二个阶段，是把建筑的构件与结构体的单元当作游戏的对象。构造要件与结构单元都是建筑技术上的基本要素，其存在的意义都是功能上的，照说没有游戏的余地。但是一种建筑的技术发展成熟，匠师们完全掌握了基本的知识与经验，而且行有余力，可以出些花样，游戏的心情就油然而生了。

最明显的例子是欧洲13世纪以后的哥特建筑，在哥特建筑大教堂的正面，欧洲的石工雕出非常华丽的图案，这些图案原是早期功能性的构造体演变而成的，到了14世纪以后，每座教堂都争着砌起与他人不同，而更为华丽繁复的外观。到了这种程度，石工已经成为装饰工了。

至于教堂室内的拱顶，变化则以英国哥特式为最显著。到16世纪，英国的石匠简直巧夺天工，玩石材于股掌之上，所以发展出各种花式的拱顶图案，其精巧的程度令人叹为观止。伦敦西敏寺亨利七世礼拜堂的拱顶，甚至有近似我国古人所描写的倒垂莲华的石作。而剑桥大学的国王学院礼堂拱顶则为浮萍一样，团团花式，飘浮于数十米高之空中。

到文艺复兴以后，南德与北意的巴洛克建筑也很美观，喜在结构上出花样，比如织花式的圆顶。自哥特到巴洛克的这种构造的游戏，如同小孩子玩积木，越玩越有趣，技术越高明，玩得越富于花样。现代建筑之后，由于理论家们反对装饰，建筑师只有在构造上出点花样，都是延续这样的传统而来的，如西班牙高迪（Antonio Gaudi，1852—1926）的作品。

上文提到，罗马人开始以结构体与空间来玩花样。18世纪之交，新古典主义的建筑师们用废墟式的柱廊认真地玩空间的游戏。英国的

· 西班牙建筑师高迪设计的巴特罗公寓

亚当（Robert Adam，1728—1792）的作品，在室内常出现柱廊或半圆拱顶的花样。看上去很新鲜，富有游戏性。我在几年前专门访问他在伦敦的几个作品，徘徊不忍离去。但是新古典主义的作品，到今天还不为建筑界所重视。

造型上的游戏

其实建筑的游戏性最有趣而且有详细介绍必要的是空间与造型上的游戏。在空间方面，前面已提过几句，因内容繁复，容后补述，在此只谈谈造型。

造型的游戏是什么意思呢？建筑是一种有功能的艺术，一般的理论家多主张造型要反映功能。今天有一位嘻皮笑脸的建筑师忽然不按常理出牌，像耍小丑一样，戴上一个面具出场了。这样的造型多少会使大家感到愕然，一时不知如何反应，有时会惹得哄堂大笑。这样的建筑师是玩世不恭的人，也许未可取法。可是他们不为俗世准则所绳，能畅所欲言，以讥讽的犬儒的态度面对这个社会，给沉湎于凡俗的人一点启发。当然，我并不是说一切这类的建筑都是有哲理的，其实在美国，这类建筑大多是有商业意味的。

造型的游戏也有三类。欧洲的 19 与 20 世纪之交，有一装饰艺术运动（ART-DECO），是想突破学院派抄袭古代的作风，而能推陈出新。他们想要的是心灵的解放，为了表达他们的意愿，使用了大量的曲线。粗看起来好像回到洛可可时代。在这个时候有些建筑师设计了很古怪的房子，把建筑的正面装潢成古怪的样子。最有名的例子是恩戴尔（August Endell, 1871—1912）于世纪之交在慕尼黑所设计的门窗开口与墙上的大浮雕。正派的建筑师对他们不屑一顾，但他们的态度是认真的。

第二类的造型游戏不属于认真的建筑师，而是具有商业头脑与大众趣味的人兴建的。最明显的例子是台湾彰化八卦山上的大佛。外表看是一座大佛，内部却是一幢建筑，平常使用不合适，但吸引观光客却甚有效。我相信利用大佛胸腔做生意大约不是出钱的信众的本意，但在外国却果然有此办法了。

利用建筑为游戏的办法，盛行于中产阶级繁荣而忙着找乐子的维多利亚时代。连中国建筑都成为他们寻开心的对象。但真正大有发展，乃是美国商人的"贡献"。上焉者，如迪士尼乐园中的古堡，下焉者，如美国长岛的大鸭子形状的餐厅，各种各样的半开玩笑的作品，到处可见。几年前我在日本看到一座人体博物馆，其进口做成玛丽莲·梦露红艳欲滴的大嘴巴，粗俗、幽默，带点自渎的心理，是这种游戏性建筑的特点。

然而这种正统建筑之外的游戏建筑，有时候有它的价值。人生不过如此，何必认真呢？建筑的环境又何必到处都板起脸孔，不是水平线条，就是垂直线条，再不然就是黑蒙蒙的大玻璃？为什么建筑的艺术不能与其他艺术一样，也来点讥讽性、让人开心的作品？戏台上有丑角，文学界有幽默作家，美术界亦有漫画家，建筑应该为现代人的需要，创造些游戏性的东西出来！

也许由于这个理由，第三类的游戏性建筑就有理论了。在1965年左右，受到幽默感浓厚的波普艺术的影响，出现了波普建筑的思潮。可惜有钱的人多半喜欢道貌岸然，反而对游乐性建筑不感兴趣，既然这一派有理论的建筑界的丑角没有发挥的机会，到今天，如文丘里（Robert Venturi，1925—　　）之类，反而成为学院派了。

人性与空间

现代建筑的理论中，除了强调时代性之外，就是强调人性。尤其是第二次世界大战之后，建筑的学术界一直把人性当作主要的论题去研究，而且肯定了"人"应该是建筑艺术核心的观念。

早期建筑中的人性

人性与建筑怎么扯在一起的呢？这话要自历史谈起了。我们知道欧洲的文艺复兴时代，又称为人文主义时代。当时的思想家与艺术家均强调以人为本的观念。当我们强调一种观念的时候，就表示我们对时下或过去流行的老观念不满意，提出了改革的构想。文艺复兴时代，思想革命的对象是宗教的神权。因为他们的中世纪是以神为主的；人类的生命寄托在对神的敬畏与崇拜之下，其存在的价值是微不足道的。到了 15 世纪，思想开明了，这倒并不表示教会的权力降低了，而是大家都重视现世的感官的享受，开始感觉到人应该是宇宙的中心。教会的权力却被当作俗世的权力，用以争夺俗世的享受，教廷与各级教会的腐败是一种具体的说明。简单地说，这时代的建筑与其他艺术一样，在追求视觉上的美感，不再强调荣耀神、刻苦自己了。

西方建筑史上第二次强调人性，就已到 20 世纪初，其间相隔了几个世纪。为什么有这样的发展，两个阶段的发展与理论有什么不同的背景呢？

西方文艺复兴持续的时间很短，接着就发生宗教改革与反改革的浪潮。其结果是，自中古末期开始发展的市民社会受到压制，文艺复兴的精神尚未自贵族社会透出，尚未来得及普及化，就被新的权力所控制了。在天主教控制的地区，又恢复了中世纪的神权，宗教与帝王结合起来，打击人性的发扬。在改革运动成功的地区，倒能维持文艺复兴的观念，然而新兴的帝王及新贵族尽力压制市民的发展，使"人"的精神受到扭曲，开始为专制阶级服务。这种情形一直到19世纪帝国主义的迅速扩张的时代，并没有显著的改变。

在建筑与艺术上，这段时期只是把原已逐渐人性化了的趋向，突然转变为威严而壮丽，使艺术沦为帝王权力下的宠物。在外表上似乎没有太大的改变，骨子里却南辕北辙了。换句话说，一种新的神圣的气氛被强调出来，不再亲切近人了。建筑上最显著的例子，就是使用庞大的柱列，高大雄伟的门廊与门厅，金碧辉煌、饰满了壁画浮雕的厅堂与内室，使一般人走在里面，不但感到极为渺小，而且自惭形秽。这些建筑与艺术综合的环境，目的是宣扬帝王的威权，只有盛装的王、后，在廷臣、侍卫围护之下进行仪典式活动时才显得恰当。

很显然的，第二次"人性"的呼声，与民主的思潮不无关联。19世纪是民主革命在欧洲如火如荼展开的时期，到20世纪其意义才完全被肯定，才反映到艺术与建筑上来。建筑家们作了几个世纪的君主与贵族的奴隶，忽然觉悟他们是另有责任的：他们负有发扬人性、肯定人类价值的责任。

他们忽然了解建筑家的任务是为人类提供适当的生活空间。因此

· 以人为宇宙中心的文艺复兴建筑，意大利建筑大师 Andrea Palladio 设计的圆厅别墅（1567）

建筑的首要目标不是威吓人，而是欢迎人，在当时，年轻的建筑家体会到为生活而设计的观念，才有今天我们常谈到的功能主义的思想。欧洲的功能主义与经济的功利主义的思想有关系，但与社会主义的人道主义也有关系。人人都很重视国民住宅，人人都痛恨庞大而奢侈的宫殿。即使是美国的建筑家也在强调人性，要求发扬美式个人主义的精神。

近期建筑中的人性

可惜当时的建筑家的号召很快就停息了。其原因有二。一为帝国主义的兴起，使发源地的欧洲被世界大战所摧残，大家顾不得再谈理想了。二为新贵族的产生，对建筑艺术的要求居然仍然循着帝王的路线。第一个理由很容易明白，第二个理由容我略加解说。

原来欧美国家经过资产阶级的革命，很快就出现了新贵。这些新贵就是财阀。大规模工矿业的发展，现代商业的扩张，在自由经济与民主制度的保护之下，特别在美国，新兴的贵族虽无头衔，其财富却胜过老贵族多多。他们在发财之后，在建筑上常常希望表达其权力与财力。建筑用两种方式表达出来，一是他们的住宅，常常连续数百数千顷，建造数百房间的宫殿。二是办公大楼，常常在都市中心地区，建造雄伟的大厦，作为其事业的象征、成就的碑记。

在这种风气影响之下，社会大众很容易被陶醉在建筑的感动力之中，自甘放弃了人性的要求。建筑界为社会服务，无非要察言观色，有钱的老板既然有此心理的需要，建筑家岂有不努力讨好的道理？所以在第二次世界大战之后，现代建筑人本主义的理想就轻易地瓦解，而为所谓"新古典"的精神所取代了。这才引发年轻一代重新提出"人性"的呼吁！

这是一种退步或重复前人之说吗？不然。因为每一次提出，都有一次新的要求，对内容都有所充实。所以今天谈人性，比起20世纪初所谈的要深刻得多了。严格地说起来，中文中的"人性"，若用英文中 human 一词来说明，则欧洲前两次的人本建筑思想中所涵盖的范围，并不能与我们所了解的"人性"相比。15世纪发觉了人在建筑与艺术中的价值与地位，20世纪初发觉了建筑与艺术应为人而存在，到今天则综合了前两次的观念，并把人性的需要扩大到城市的范围，把人性的内涵延展到感情的层面。自个人到群众，自理性到感性，今天的建筑家所面对的人性问题，是一种新的挑战。

自理性到感性

20世纪初及其以前的人本主义思想，基本上是理性的。人的尊严、人的形象、人的需要，都可以明确的言辞加以界说。但到今天，我们对人性的了解要深透得多。我们不但要了解其合理的一面，同时也要了解其神秘的与潜在的一面。我们对人性的定义已大不相同。在过去，我们习惯于用一般的推理来衡量人的需要，今天，我们却注意个人的需要，注意心理的因素。在过去，我们用公式来设计建筑，今天则用人间的关系作为设计的基础。

这样说也许过于抽象，让我换一个方式来解释。今天的建筑家可以接受传统的形式，并不是因为古老建筑的造型是合理的，而是因为传统中有很多感情的牵连，使居住者感到亲切与温暖，并能联结上幼年时之梦想。我们今天要承认梦想的意义。比如我国建筑中的曲线，在现代技术的角度看是很不合理的，但却是合乎我们大多数人的心理需要的。

同样的道理，传统的装饰与色彩都可以在这种观点下被接受，不能再责骂"装饰等于罪恶"了。在人类的生活中，需要很多激发诗情的小东西，也需要很多造成心理安全感的物件。一朵玫瑰花，一只洋囡囡，其感性的价值超过阳光充足的大玻璃窗。建筑上的装饰有时候就有同样的意义，在居住者的感情生活中是不能忽视的。

建筑家比过去富于同情心，不再摆出一副超然的态度。他们自然有一套合理的、客观的原则，然而却要把个人的心理需要认真地考虑。在住宅的设计中，怎样能使用技巧把家的氛围传达出来，怎样造成家庭成员间的和谐关系，怎样使宾至如归，是很重要的课题。同时要满足居住者的渴望。比如大多数建筑家不喜欢俗气的粉红色，而较喜采用严正而深沉的色彩。然而以同情的心态从事设计，我们会发现粉红色对某一家庭成员产生特殊的心理满足或安定感，则以粉红为基调，仍然可以设计出高雅的色彩。

自个体到群众

另一方面，现代的人本思想不再限于抽象的人性观念，不再只谈个人或限于个别建筑，而扩展到城市中的公共建筑及建筑群。

过去的公共建筑，不论为企业界的办公大厦，或政府的官署建筑，都有一种超乎人性的趋向，一则炫耀其财富，一则表示其威权。它们的共同特点是雄伟壮观，炫人耳目，使人趋避之而不及。这是根据帝王建筑的传统而来的。

今天的建筑的人性观，则认为企业的利润是取之于大众的，固然应该亲切近人，政府更是建立在人民的信托之上，尤其应该使民众乐于亲近。他们的建筑不应再拒人于千里之外，高台厚壁，粗柱铜门，令人望而生畏。在今天的社会里，民众逐渐都有一种主人翁的觉悟，公共建筑岂能不在造型上表现出人性！然而这样的觉悟竟不常为建筑的决策者所了解。在台湾，特别在政府部门的建筑上，衙门的味道尚十足地保存着。

举例说，新的台北市政府的设计，就是一个典型的大衙门，丝毫没有考虑到台北市民的地位。这个设计是比图选取的，可以反映评审委员们的权力心态。设计者原是很有潜力的青年，大约因揣摩评审先生们的心理，才做出那样的设计。坦白地说，在今天，这种傲慢的、目中无人的设计已不适宜了。

一座富于人性的公共建筑，要使来访的市民感到亲切，感到被热

· 香港汇丰银行地面层大厅开放供人们穿行

心接纳。它不能有丝毫高高在上的姿态，令来访者感到压抑，或使路过的市民产生被排拒感。完全相反，它应该有老朋友般的情怀，使市民们无时无刻不想到它，有事无事要去拜访它。

一座城市也是一样。凡是步行者感到安适，且受到尊重的城市，就是有人情味的城市。这与建筑的高矮是没有关系的。比如纽约市街就很有人情味，华盛顿乃是人间的沙漠。华盛顿虽有美观雄伟的大道，却只能供观光客与政治野心家们逗留，纽约犯罪率甚高，却仍是数百万人所乐于居住的地方。

最近我去香港，发现该埠的建筑在最近几年间有很大的进步，并不是高楼大厦更加美观，而是这些新建的大楼都能慷慨地把自己的大厅开放给民众，让走酸了脚的男女老幼坐下来休息，欣赏一下他们的装潢；让懒得绕街的市民，自大厅中穿过，不但防风避雨，也可以省几步路。

人性的空间，说穿了，就是表现了丰富的同情心的空间，就是人人都感到温暖的空间。

建筑与风尚

有位朋友问我说，最近各地盖大楼，都用玻璃为材料，看上去亮晶晶的，这是一种时髦吗？这样的建筑要流行到何时呢？

　　这个问题看上去简单，要认真回答，却不是三言两语可尽。为什么？因为建筑在这方面与其他艺术没有两样，讨论到流行风尚的问题，等于探讨现代艺术自 19 世纪以来浪潮汹涌的派别起伏了。这种情形越到近年，越显得严重，一种新的派别兴起，不旋踵，另一种派别就起而代之。社会大众几乎来不及调整他们的眼光，画坛酝酿着又起大变了。自 20 世纪 60 年代到今天，我们听到了波普、欧普、迷濛、新写实、新超现实等，到今天纽约在酝酿什么名堂，我也懒得去注意了。然而艺术界这些花样是不是开玩笑呢？

　　如果你读一些纽约艺术评论界的文章，会觉得他们并没有开玩笑。这些画家很认真地画，批评家也引经据典地评，因此使这一场看上去扑朔迷离的艺术混战，有板有眼，似乎是人类文化中严肃的事业。也有不少人很痛恨这种游戏，写文章用嬉笑怒骂的口吻打击批评家的权威，讽刺板起脸来高价收藏新作品的博物馆。然而西方的社会大众对于思想观念不断推陈出新，已经司空见惯了；他们也许看不懂，但却不大惊小怪。他们对于弄不懂的艺术与弄不懂的科学一样，采取漠然的态度。没有人去追究这些艺术家们是在开玩笑，还是负有文化使命感的时代尖兵！

还好，建筑界虽然也感染这样的"活力"，却因为行业的性质不同，并没有像走马灯一样，三两年换上一派。建筑家通常忙于应酬，似乎对艺术的风尚，显得后知后觉。同时，建筑家要完成一件作品，自构思到落成，少则三两年，多则十来年，要赶风尚，实在赶不动。何况建筑到底不是纯粹的艺术，有很多实用的条件、很多技术的条件要考虑。若干条件多少要有些超乎流行风尚的学问在里面。

　　所以建筑界的朋友喜欢谈"时代"而不谈"风尚"。时代与风尚有什么分别？"时代"是历史上的一个段落，属于此一段落的人类，由于人文的与物质的条件，显现出同样的思想与行为的倾向。所以这一时代留下来的东西，染上浓厚的属于这一时代的色彩。在艺术上，表现得最为明显。有些人会把这种可感而无形的气质，定名为时代精神。在理论体系上，是德国艺术史家建立起来的。所以后世的历史家在西方史上分出了文艺复兴、巴洛克、洛可可等断代的观念。

　　"风尚"是什么？它是一种富裕社会的现象。人类生而有喜新厌旧的倾向，所以谈恋爱时，海枯石烂；结婚不久，就互相遗弃。这不是欺骗，而是人性。夫妇之间的关系尚且如此，对于我们耳之所闻，目之所见，自然喜欢带点生气。在富裕的社会中，大家衣食不缺，精神要找出路，最容易产生新鲜感的需要。

　　所以风尚流行并不是今天才有的。中国古代的升平时期，如唐明皇的统治下，皇家妇女的装饰与衣着，对于长安富有的人家，一时就造成一种风尚。在外国也是这样。据说在中古的英国，时髦流行到荒唐的程度，国会都要出面限制不准穿过尖的鞋子。然而流行在古代与今天是一样的，没有什么理性的依据。一旦风气来了，大家都被迷上，受到精神上的牵制。风气过去，大家都如梦醒一样，忽然觉得今是而昨非，其实则复受今日风尚之控制。当女孩子的衣服流行紧身阔口喇叭裤时，大家都觉非如此不美，一到流行宽身紧口裤了，再看紧身裤，就觉浑身不舒服。

自上面的说明，可见"时代"是比较具有历史意义的条件。与"时代"有关的，都是深刻的，具有高度象征的意味的。而风尚的流行，转换得较快，影响较为肤浅，如同烟火，生命是绚丽而短暂的。所以时代过去以后，若回头考察，则所能看到的，只有反映当时精神的一些明显的特征，表达在艺术与史迹上，至于风尚，则如同表层的涟漪，早已随风而去。

说到这里，我们不禁要问，近几十年来，现代艺术的种种风潮，是"时代"的现象呢，还是纯粹的流行？这一点，我实在不敢大胆下断语，而有待后世评论家明智的观察。以我看来，这些派别倒不尽然是风尚，因为它们之间转变虽嫌快些，但从来没有引起大众疯狂喜爱。它们属于象牙塔艺术。每一次风潮，只是艺术界的互相模仿。一些创造力较弱的艺术家，围绕着一二强者，形成一种集团。事实上，自20世纪之初，现代艺术昌盛以来，一切的派别都是某艺术家个人风格的扩张。所以在短短的时期内，会有很多"主义"喊出来。其实他们只是现代主义的大潮流中一些个性的表露而已。

回头来看建筑，情形也是一样的。一些有才能有个性的建筑家，竭尽心智想为时代创造出新的标志，而能够跳开20世纪初所揭示的原则的，实在凤毛麟角。不幸的是，建筑更容易互相影响，互相抄袭。在造型上，建筑又不如绘画、雕塑等具有表现的弹性，而受到结构力学与建筑材料的限制。因此在短短几年内，很容易出现一次风尚：一种建筑界内自设的风尚，它的语汇有时候并不为大众所了解。

那么玻璃大厦在"时代"与"风尚"之间，占有怎样的地位呢？

首先，玻璃大厦是有它的时代意义的。在西方新建筑革命的初期，大建筑家们都认为玻璃是一种新时代的产物，是最容易表达现代精神的材料。在半世纪以前，玻璃确实予被围困在砖石之中几千年的西方建筑家一种解放的感觉。有了大玻璃，他们可以歌颂阳光，歌颂光明，赞扬轻灵的美。尤其在一个世纪前，工程师就发明了钢骨架构，在轻巧的骨架上挂上玻璃，就形成了晶莹透明的空间。所以玻璃大厦自始就反映了现时代机械的、开放的、乐观的精神。

大凡一种纯粹精神的象征，是不容易完全为现实世界所接受的，尤其是具有实用意义的建筑。所以玻璃大厦，开始时只是一种意念，不适于生活。在二次大战以后，玻璃大厦出现时，轻快感是有的，透明感却很难保留了。而战后的十几年间，玻璃大厦确实流行了一阵，所以在纽约的公园大道上，出现了带有青、绿调的玻璃景观。很奇怪，当建筑界醉心玻璃盒子时，绘画界则流行抽象的表现主义，画家们在大幅的画布上，随便挥动着色彩浓艳的大刷子。

接着便是 60 年代开始的反现代主义的潮流。反现代主义就是反理性，要把"造型完全合理"的教条打破，大家才可以畅所欲为。在大建筑家路易斯·康（Louis I. Kahn，1902—1974）的领导下，现代主义的堤防被冲破了。自此而后，出现了各式各样的派别。从现代古典派，现代中世纪派，发展到美国开荒派，现代巴洛克，新现代派，新未来派，古董新装派。这些派别的名字是我自己随意称呼的，他们自己当然不这样说。他们总有很多理论支持并取些更具学术味的名字。实际上这些年来美国的建筑确是热闹非凡的。

然而如前所述，这些热闹是在建筑界内感到的，社会大众并没有

· 路易斯·康冲破现代主义堤防的作品，宾州大学理查德医学研究楼（1961）

真正参与。在他们看来，不过是钢筋水泥、铁架玻璃而已。而玻璃大厦却在很多派别的夹缝中发展，竟然有点流行的意味。

60 年代，大家一度打算把玻璃钢骨放弃，改用小玻璃、水泥墙。可是高楼大厦受到结构与材料的限制，有些派别的花样用不上。在这期间，曾有人把它做成包装匣子，有人把它做成美国殖民地式的山墙式样，但出花样总不是办法。而高楼大厦的业主大多是有钱的商人，他们固然很想把大楼盖得富丽堂皇，但也是会打算盘、头脑最清楚的一群。所以大楼的建筑并没有受风尚太多的影响，而专设计大楼的建筑师，在建筑界并没有受到太多的重视。

就在这个时候，建筑材料界发明了反光的玻璃。玻璃仍然是玻璃，在光线较强的一边就是一面镜子。材料商的大力推动，加上大楼建筑

· 波士顿的汉考克大厦是玻
璃帷幕大厦的名作之一

师的尝试，终于引起大家的兴趣。在一方面，这是一种技术的进步，把早期玻璃过分受气候影响的缺点，做某种程度的改进。同时，不再透明的玻璃，不但可以避免内部过分暴露，且可产生一种反现代主义的厚重的感觉。

最重要的，是反光玻璃有一种神奇的特质。由于反光，外观可以塑造出一种宝石的形状。如果近看，玻璃面上反射出天上的云彩、地面的五光十色，华丽而高贵。材料商经过几年的发展，可以做出如钻石一样的，各式各样的颜色。他们很了解企业家的心理，材料的价格并不是大问题。

我觉得现代建筑革命以来，没有像反光玻璃大楼这样真能形成商业建筑风尚的外观。反光玻璃的气质，已使建筑进入流俗，为大众所喜爱。所以反光玻璃大楼确实是一种流行。既然是流行，也就很快会

· 汉考克大厦映出旁边的三一教堂

过时的。反光玻璃只是一种表面的材料而已，与西装料子没有什么分别。建筑如能把骨架与外衣分开，则大众会根据他们的喜好，选择不同的外衣。也许玻璃大楼的本身，承继着现代建筑的传统，不会有太多的改变，建筑材料商就要动脑筋在色彩与质感上求变化，来应付时髦的需要了。

大众是喜新厌旧的。全台北市都盖了玻璃大楼，必然会把大家逼得发疯，所以有些眼光看得远一点的企业家，想去突破光亮的外表，寻找新的造型，想为自己的建树抢先几十年。这是人类在时间的压力下不断挣扎的行动。然而历史是无情的，对时间抵抗的奋斗能否成功，要看其作品是否能有预言家的洞察力，表现出未来时代的精神。否则，难免陷没于时间的旋涡中，在造型上的创新不过是另一次流行风尚而已。

大厦与公寓

常有些建筑行外的朋友，指着台北市街上连云的大厦，问我哪一座设计得最好。我瞠目无以为对。从建筑本行的观点，我自然可以侃侃不绝地谈论，在理论的一面、在实际的各方面，说出我的意见。然而对于一般社会大众，像这样的回答就毫无意义了。当然，大厦并不是没有好坏判断的准则可以供大众参考的，而是，很坦白地说，我对大厦有"偏见"，我不喜欢任何一座大厦！

台北市的大厦狂

　　说起来有点"酸葡萄"的味道。有一位住在大厦里的朋友，到我所住的那一带，看到我们那种四层公寓，不小心说出使我们很伤心的话。他认为我所住的地方很像永远拆不掉的违章建筑区！我的住处并不很差，是台北市蛮有名气的民生社区呢！这尚且为大厦的住户嗤笑，可见住得高高在上的朋友怎么低视我们了。所以我每次提到自己不喜欢"大厦"，总怕人家骂我"酸葡萄"。

　　可是我不喜欢"大厦"，绝无不正常的心理。在我连私有住宅都买不起的若干年前，我就不喜欢大厦，尤其不喜欢台北市的大厦。有一阵子，每听到"大厦"二字，就有一种厌恶的感觉。这种感觉的反应是很复杂的。

首先是因为这个名词的含义。像我这样学建筑的人，很不喜欢把一个普通的建筑冠上夸耀的名字，尤其讨厌把一般性的带有价值观的字眼，用在普通建筑上，形成专有名词。这是社会虚浮的一面。比如花园新城，原是美国都市计划家们制造的名词，用来称呼一种以绿地为主的城市设计的观念的，在台北有人为市郊住宅的开发区冠上这样的名称，却又名实不符，使我每次在使用"花园新城"这个字眼时都觉别扭。"大厦"这字眼，本来就是规模很大的屋宇的意思。凡是体型庞大、予人以雄壮感觉的建筑物，均可以大厦二字描写，如今竟为价格高扬、地位崇高的电梯公寓的专用名词了！住大厦开始成为一种社会地位与事业成就的象征。

在外国，没有大厦这样的名称，当然更没有什么贵族式，代表暴发户幻想的名字。他们是发明盖大楼技术的人，因为知道天外有天，大外有大，这种形容词以不用为妙。他们甚至也没有厦、楼、房之分，一律以 building 一字称之。纽约最嚣张的一座高楼，就是"帝国大厦"。当年的主人冠以"帝国"二字，因为落成之时，其尖塔高处较任何建筑高出半截，就得意忘形了。曾几何时，纽约与芝加哥的办公楼已到一百二十层，早已超过它的旗杆二十层了。如今在纽约市称帝国大厦，只觉得它是寒碜、颟顸的老家伙。然而这"大厦"二字是我们翻译的，他们并没有用这个"大"字。

尊崇"大"字的价值，是很虚浮的。中国人喜欢用这种形容词，完全与我们的文化中喜欢浮夸的奉承有关。"大"一定比"小"好吗？只有头脑最简单的人才会这样想。然而台北市的市民们喜欢住大厦。

一定有读者问我，即使在名称上夸张一点，又有什么值得大惊小怪的，让我这样浪费笔墨呢？不然。名称关系于价值观，一种流行的价值观又指导了我们的行为模式。而我们都是观念的奴隶。由于大厦比较高级，因此我们把较低的公寓，专称之为公寓。实际上公寓是一种普通名词，指一栋建筑里住了多户人家。外国人把我们所谓大厦称为高层公寓。公寓的高低原不一定代表住户地位的高低，而在台湾，因为名称所带有的价值观，公寓就成为中产以下的住所了。

具体的影响何在？在于建筑公司根据他们的主顾来设计大厦与公寓的标准。公寓可以粗制滥造，大厦就应该认真设计施工。其实高层大厦的二楼何尝比普通公寓更方便？只是大厦建筑得比较考究，住户都有很高收入，有钱人不过为了满足虚荣心而住大厦二楼。即使有少数头脑清楚的人，希望住公寓之二楼，他们也找不到一处合乎一般居住标准的公寓了。

"小的就是好的"

因此，我们的社会塑造了各种建筑的形象，把自己限制在里面，我们无法为自己而生活，而是为社会的价值观而生活。

近若干年来，经济学界出现了一种离经叛道的说法，那就是"小的就是好的"（Small is Beautiful）。这是针对现代工业化国家日趋庞大的组织而言的。大家都知道，自经济学的观点看，任何生产或作业的单元，其规模越大越划算。工厂越大，生产成本越低，产品的控制越严密，在市场上的竞争越有利。所以台湾设立了大钢铁厂，才能有效地发展钢铁工业，要计划大汽车厂的设立，以加速汽车工业升级，进军国际市场。在贸易上，当局一直希望成立大贸易商组织，以取代今日零星作战的不利情势。甚至农业生产，大家都承认若不赶快放弃小农制度，改采大规模的农场制度，台湾在农业方面仍难更上层楼。在这种情况下硬说"小的就是好的"，实是违乎常情的了。

为什么还有此说呢？因为在高度工业化的国家里，关心社会文化的学者们，感觉到过分庞大的企业组织已发展到可怕的程度。这些大企业如同怪物一样，把人类紧紧地掌握着，使整个社会为大企业而生存，丧失了人类的尊严与自立、自主、自信的精神。美国最大企业之一的通用汽车公司总经理曾说："凡是对通用汽车有利的，就是对美国有利。"这话是相当正确的。大企业不赚钱，经济就萧条，民众就失业，税收就减少。然而承认了这句话，国家岂不要为这些公司的生存成长而存在了吗？而这些大企业并不是不倒翁，一旦遇到能源危机等大问题，政府只好用纳税人的钱想尽办法扶持他们。

承认小规模的价值就是承认人性的价值。而人性的价值在于维护人类的尊严及其自由发展的意向，那就是明彻的理性与诚挚的情意。人性价值的敌人就是社会虚妄的压力、大组织经济的规范。

这与大厦、公寓等等的关系何在？大厦代表的就是大家趋向的观念。在居住环境中，我们所需要的品质应该是很实在的。在一栋大楼中设置了若干电梯，住了上百户的人家，在外表看来，是庄严威武的庞然大物，然而这样的建筑，除了给我们一种虚伪的成就感之外，对于居住生活有什么具体的好处呢？居住者不过是在一个装潢富丽的鸽子笼中占有一格而已，又有什么好骄傲的呢？有些"大厦"做成古堡的样子；在古堡的一角做住户，相当于古代贵族的仆役，这不是自我作践吗？

居住在都市中，以能具有整洁的环境与单元的个别性，有生活之利便，与亲切的邻里关系为上。要达到这些条件，低层的公寓比高层的大厦要容易得多，很可惜我们放弃了低层发展的长处，为了低价位，而建造出拥挤不堪的，印模机印出一般的公寓群。相形之下，古堡式的大厦确实要神气得多了。为什么没有人尝试建造一些高级的、富于变化的，使居住者感到骄傲的低层公寓呢？

低层公寓是理想的住宅

到新加坡去过的人都为他们的国民住宅的成就而感动。实在说来，了解新加坡国宅内情的人很有限，他们受到感动的原因是该市的高楼大厦。新埠在过去几十年的国宅建设中，最主要的方式是开放新镇，实以高楼，使观光客受到很大的震撼。而我们的官员们，考察之后，亦希望有一天我们也可以建造那么多高楼，解决民宅问题。实际上，新加坡的国宅在政治上是成功的，在生活与文化的层面上是失败的；他们正认真地检讨高层国宅的缺失，已经放弃大厦若干年了。

不但新加坡如此，世界各国莫不如此。高层建筑是现代工业技术的伟大成就，然而建筑是人类居住的环境，必须先合乎人类生活的要求才成。人不可能愉快地生活在鸽子笼中。人类在生活中，偶尔会有登高望远以畅胸怀的欲望，然而人类是属于泥土的动物，他要自泥土中得到滋润。这就是为什么全世界富有国家的人民都希望拥有一座市郊住宅的理由。

也许你会说，在台湾土地稀少，情形与他地不同。这是不错的。但新加坡的土地会比我们多吗？他们也进行低层发展了。土地的多少没有绝对的关系，而政策与认识才最重要。如果有适当的计划，四层的公寓已经很够高了。问题是，台湾的住宅发展过分地依赖私人建设公司，土地私有权制过分地严密，才使得都市中的建筑大量地向空中发展，而且极尽华丽，以吸引高收入者投资。久而久之，大厦竟成为居住的风尚了。建设公司的利润推着地价上涨，地价反过来逼着建设公司走华丽而高价位的路线，由指鹿为马的广告界推波助澜，加上大众又是很容易受影响的，观念就逐渐形成而牢不可破了。

情况也许不是我们能够改变的。在眼见的未来，大部分人都会仰望着"大厦"，而衡量自己的财力，不得不住进公寓里，听任低劣的环境品质虐待我们。但在观念上如果能有所改变，即使是目前公寓建筑十分不利的客观情形，也可以大大地改善。问题是公寓的住户们太自暴自弃了。我希望大家能互助合作，把邻里感情发而为团体行动，整理邻近的公有的环境，即使是一个狭小的角落，也可以成为有趣的所在。公寓已经是我们的生活方式，不自求改进，还能等什么呢？

建筑与社会

建筑是一种社会性艺术。这句话是现代建筑师提出来的，以代替早期公民艺术（Civic Art）的观念。

　　公民艺术的意思很容易了解。建筑是体型庞大、矗立街头的艺术，为市民生活中所不能避免的一部分。它的影响力是主动的、无所不在的。公民有公众的意思，在传统的定义中，包含了纪念性艺术的意味，也就是大众所关心的英雄事迹，以建筑形态表达在公众活动的场合，以示永久的忆念。所以公民艺术的定义，兼含有公共活动空间的建筑美，与集体主义、英雄主义的色彩。原因何在呢？

　　因为欧洲古典时代的建筑艺术，并不包括民宅，仅指公共建筑。古希腊与罗马是城邦文化。他们对公共生活非常重视，而把市民的身份看作一种荣誉。城市的建设集中在群众生活的中心部分，诸如庙宇、集会堂、戏院、回廊等环绕着大小广场，建造得庄严而富丽。到今天我们可以自复原图上，或欧洲各京收藏的部分作品（如柏林的巴格农博物馆所藏），看到当时希腊人民热衷于公民艺术的情形。这情形在中世纪城邦中也可见到。

　　到近代，公民意识消失，个人主义抬头，古代留下来的公民建筑的规模，失掉了精神，其躯壳为野心家所利用，作为权力的象征。所以现代建筑开始时，就对传统公民的观念大加抨击。然而有公众精神的建筑家，却把建筑的这一层面加以引申，改称之为社会性艺术。

顾名思义，现代建筑家体会到建筑应为社会大众服务。市民不再如古代，有参与城市建设的机会了。如果建筑家不考虑到社会大众的需要，城市就成为个人主义的象征，不但失去了精神上的意义，而且把资本社会中，你争我夺、弱肉强食的特点表达出来。美国在 60 年代，越战引起动乱的期间，市街成为另一个内战的战场，是最痛切的例子。建筑，除了为拥有人与使用者服务之外，也需要为大众服务。

因此社会性与公民性是有延续关系的。只是前者较重社会生活功能，壮丽的英雄式的美感不再受到强调而已。现代的建筑师需要有一种社会的意识，有时不是很容易解释的。因为无可讳言，我们处在重私利轻公益的时代。

考虑公众需要的一面

1972 年我设计了台北市的"中心诊所"。承蒙大家欣赏，有一段时期成为建筑界的模仿对象。其实由于种种原因，在造型上我并不满意。只有一点小小的贡献，就是为大众提供了一点活动空间。因此到今天为止中心诊所仍然是台北市仅有的一座为社会大众提供了一点活动空间，使建筑物本身与市街打成一片的建筑。这一点，我要感谢已故的张院长的睿智的支持。

我提到这一点，不是为自己做广告，而是要用例子来说明，公共建筑的主人与建筑师可以在可能范围内，考虑到公众的需要与利益。可惜的是，在台湾，政府所奖励的、民间所热爱的建筑，清一色是豪华、昂贵，代表资本主义特色的东西。在当年的台北市，空有其表、把厨房的废油滴到行人的头上、废气喷到行人身上的华美大厦很多，提供建坪空地，让脚酸的行人休息的绝无仅有。有些大楼，因主人有影响力，甚至把路边也拥为己有，不准停车，以壮观瞻，或者把开放空间围起来，据为己有。而我们仍然不断地鼓励这种济私的建筑，因为他们在外观上与西方建筑相近。

西方人很注意这种社会责任，所以发展了一门学问称为"城市设计"来负起责任。一方面希望建筑家在进行个别建筑的设计时，注意到群众的利益，同时，更重要的是，要求市政府负起创造群众空间的责任。美国的很多城市，立法支持市政府的城市设计工作，进行得很有成效。

我们虽然已有了大城市，但仍然保存了农业社会的观念，所以缺乏公共意识，城市设计的观念很难推行。建筑师帮地主的忙，钻法律漏洞，多讨点公家的便宜是有的，想法说服业主，为社会大众提供服务的却很少。市政单位大多缺少有城市设计素养的人员，即使有，也发挥不了作用。

因为都市建筑是一种政治行为，并不是少数设计家所能决定的。而地方政府因为地方各派系的利益，常常不能了解社会大众的利益，至少不能支持都市设计家的意见。在都市建设中，开辟林园大道，建造宏伟的大厦，比较容易得到民众的称赏，被视为政绩。而在民众都市生活的细节上多加考虑，实施起来反而困难。比如市中心区留一个百坪以下的小广场，比起遥远地区开一个百亩的公园还有用，但很少有地方政府肯下这种功夫。

有时候有这种空间，却因没有社会活动的观念，犯了设计上的错误，比如昔日台北市顶好市场附近的广场是很有用的都市空间，但设

· 供人歇息的纽约金融中心冬苑（1987）

计者为了表演几何图案，在上面砌出了高高低低的台子，为了美观，反而妨碍了群众的活动。实际上，平坦的铺面，可以遮阴的树木，就能满足社会大众的需要。在台北，到处可以看到类似的过度设计的例子，因为建筑人员不了解都市设计的意义，花了不少经费，弄巧成拙。

了解都市社会公众的需要是都市设计人员的第一课。市民们有时候并不知道自己的需要，只感到不方便而已。比如台中市远东公司门前，人群拥挤，单车、摩托车时常妨碍行人活动。台中市民只感到不便，以为市中心原该如此。但若在其他地方，那一带的交通早已为行人的舒适而调整了。

我曾指出陆桥或地道解决行人问题是不人道的。行人是弱者，有些老弱妇孺甚至残障者，要爬上攀下地过一道并不太宽的街，只为让驾车者感到畅快，实在不合理之至。比较合适的办法是在跨越道中间设一行人停留处，使行人过街时间缩短。世上只有台湾大量建筑人行陆桥，有些公益团体也要捐助，以为做善事呢！台北市颇有些漂亮（也有甚难看的）而有用的陆桥，但是负责设计的先生们似乎并没有注意到！

建筑的社会参与

由于建筑应该为大众社会服务，而建筑师常常为了业务需要，或为了私心，或缺乏知识，不能满足社会功能，所以有些理论家就提出"社会参与"的观念，主张建筑的设计应由使用人参与，而非完全出于专业人员之手。

社会参与的程度可以分为不同的层次。在美国至少做到了一点，即任何建筑案件被核准前，其邻近地区的民众可以提出意见。他们用听证会的方式，以保证新建的房子不会对该地区有坏的影响。这一层次是消极的，用来防范建筑师与业主的私心。有了这个办法，至少不会发生台湾常见的新建的房子欺压原有建筑的情形。

但是这种消极的层面，不能满足有积极精神的理论家。他们觉得使用人与社会大众应该取代一部分专业人员的工作。最极端的思想家，认为建筑本来就不应该是一种精致的艺术，而是一种社会性艺术。因此，理论上说，每个人都会设计自己需要的建筑，每一个社会都了解自己的需要，也能为自己建造居住环境。世界上有多少美丽的城市与乡村未经过建筑家设计的？真是无计其数。除了少数首府以外，建筑家甚少设计城市；至于建筑，更是很少由建筑师设计。像台湾这样规定建筑一定要建筑师设计的并不多。美国人的住宅大多是自己设计的。

然而他们也承认一般人没有专业能力为自己安排理想的环境，因而易于受到营造商或建筑师的挟制。为了贯彻使用人充分参与的理想，他们发展了"模式语言"的理论，把建筑的因子编成句法，使人人都可用来表达自己的思想。说得更清楚点，就是设计手册化。有了一本手册，人人都可为建筑师。

也许有人说，这样建筑岂不是失掉创意了吗？正是，这派理论家不赞成创意，因为创意是个人英雄主义的表现，常常会抹杀了社会性的目的。他们认为应该限制建筑师的职责。

这种理论很不容易在现代社会的分工体系中实现，但是他们的贡献是，至少指出了现代建筑职业的短缺，及其过分的技术主义倾向。在资本主义社会中，自由业者常常忘记了服务人群的任务。我们常听说医师为了赚钱而欺骗病人，把小病看成大病，并且动不需要的手术。

我们常听说律师为了赚钱，成为讼师，昧着良心，扬恶欺善。在建筑界，以赚钱为目的而不择手段的事也随时随处可见，只是在专门技术的掩护下，更加不易为社会所觉察而已。

由于这缘故，欧美的建筑界曾在 70 年代进行自我检讨。很多学者承认建筑界画地为牢太固执己见，太重视行内规范，过度个人表现而与社会脱节。脱节的意思，一方面，建筑作品不为社会所了解，另方面建筑设计的过程忽视了社会的利益，建筑的行业为社会所扬弃。

这问题在台湾虽也存在，性质却不同。我们大部分的建筑过分屈从于使用者的意见，放弃专业人员应有的职责。其缺点是决策者个人的影响力太大，因此使建筑师价值观倾向于追随决策者的自私的愿望，故建筑的社会性更加低落。比较起来，西方的建筑环境表现出很独特的个人主义的面貌。

建筑与工业

台湾建筑界很不景气是近年来常听到的事，这里所谓"建筑界"是一般的用语，乃泛指盖房子的行业而言，说得更清楚些就是建设公司、营造厂与建筑师。其实不景气的，到目前为止，以建设公司最为严重。现已渐波及营造厂与建筑师，终必影响材料制造商与贩卖的商人。所以很多人在担心这样的火车头工业，一旦萧条，经济发展会大受影响，很多工厂会因而关门。这是不错的，钢筋与水泥不断落价，很多砖厂已停工，建筑界持续的不景气，终于会在经济活动的迟滞上显现出来。

不尽责的"火车头"

有些朋友问我，当局一直不肯伸出援手是不是明智？我不是经济学家，实在不敢乱下结论。照说我是建筑界的一分子，建筑业萧条，我受到直接的影响，应该呼吁当局大力支持才对。然而我觉得主管部门的政策也许是正确的。

建筑业在各国各地区的经济发展中都占有重要的地位，但是一般说来，越是低度开发国家，越依赖建筑业。原因是落后的国家，大家都没有房子住，经济情形开始有点好转，第一件事就是盖房子。新加坡于数十年前开始大量建筑国民住宅就是这个道理。同时建筑业的发展比较容易，不需要很进步的技术。材料的制造技术也不难。低度开发国家的工人很容易学会拌水泥，扎钢筋。除了传统的木工、砖工技术之外，大部分的工作，都可以用无技术的工人来充当。台湾地区建筑业的旺盛期，就靠农闲，靠农民帮忙，这样不但使大家都有房子住，而且都有钱赚。乃是"劳力密集"的工业。

也就是这个缘故，每个初度开发的国家，一定要设几个水泥厂，几个拉钢筋的铁工厂。大学土木系的毕业生，即使是成绩很差的学生，也可以自建筑手册中学着设计结构。然后来一个人海战术，搬运堆砌，把房子盖起来。大家当记得若干年前盖房子时完全没有机器，只见成群的男女工人如蚂蚁搬家一样的，在竹子的鹰架上把砖头自地面运到楼上，把地下的土挖出运到车上。

我们的经济远远超过这一阶段了。但是一般说来，建筑的所谓工业，在技术的层面上看，还是很落后的。而自做生意赚钱的层面上看，却是最有利的。前些年，建筑业产生了不少大富翁，乃因为这一行业所需要的技术很少，而利润高，有头脑的人就趋之若鹜了。

在表面上看来，建筑业的高度成长，好像是帮国家经济发展的大忙。其实不尽然。建筑业，也就是房地产业利用民间的心理，吸收了大量的金钱，以求在通货膨胀的时代保值，鼓励了土地与房屋的价值上涨。这对房地产业是一种好景，然而民间的财富完全为土地房屋所吞噬是很危险的事。一块土地并不能变大，或变得更有用，然而价钱却增加了百倍。如果大家一味地投资房地产，谁还有兴趣去发展真正的工业呢？

自对国家社会有利的角度看：大家要努力创造财富，发展可以创造财富的工业。所谓"创造财富"，就是把原本没有用的东西，经过我们的聪明才智的改造，变成有益于改善生活的东西。平常我们所谓的工业就是为这目的而存在的。社会的文明越发达，我们对生活的要求越高，工业界就要用更多的头脑，生产出更好的东西来。这时候，在生产中所需要的科学技术，也更加精密，到今天，世界上的民族能否立足，完全看他们使用头脑、改变环境的努力。建筑业者花大笔钱在广告费上，却不肯多出点钱给建筑师，一贯地只重视销售，不重视产品的品质。何况建筑的技术性本来就不高！

建筑水准影响工作水准

我不反对当局的不帮忙政策，倒不是幸灾乐祸，而是对建筑的工业抱着一种期望。建筑的业者如果继续像前几年一样，闭着眼睛向前闯就可闯到黄金堆里，则建筑的工业不可能提高层次。刺激头脑的创造力最有效的办法是遇到困难。不再有暴利，他们就要认真地设法提高这一工业的生产力以降低成本，就要动脑筋去用最新的技术节省花费，提高生产的品质。这样所赚来的钱就是合理的利润。

谈到工业的水准，只要看看我们自己的住处就知道了。中产阶级在过去若干年，大多买了公寓，但今天在台湾，一座新的公寓屋顶漏水是很普遍的，墙上的瓷砖突然掉下来，也已司空见惯，至于墙面的歪斜，房间应该成直角的，竟摆不进家具，大家都已见怪不怪。这些有形的建造水准的低落，使我们感叹，建筑业发财，建筑技术却退步了。

至于无形的水准更差了。一般的公寓，我相信完全没有设计。互相抄袭是一个通用的办法，没有人愿意认真地为产品的品质花点精神。几年前，我曾为一个小建设公司做过几个月的顾问，发现在经营上，受到大公司的影响，大众的反应趋向于一致，合理的设计反而成为销售的阻力，所以我只好挂冠而去。我对一些大的建设公司的经营也略有了解，他们并没有我所想象的、大公司应有的高效率的组织及现代工业中自我评估、不断改进的机能；他们只是有钱，没有周转的问题，对工作较为认真而已，在基本上，与小公司并没有两样。原因是：赚钱太容易了。

我曾经为一个比较大的建设公司做顾问。我所能贡献的只是如何效率化作业过程，如何提高产品品质，并及时推出房屋。公司的负责人非常想有高水准的表演，然而因地价不断上升，使得效率成为公司利润的障碍，因此我这顾问就成为"狗头军师"了，如何能受到重视呢？所以我认为若干年来的建筑业在生产与制度上，连接不上现代的工业生产的精神。

如果房地产的行情稳定，纳入正常的市场，使产品的品质与市场价格发生效力，才是整治建筑业的正途，才能使建筑业发挥正常的促进制造工业发展的功能。举例说，房地产的利润太高使较高级的材料，如门锁、铝窗、卫生器材不求进步。因为建筑商宁以海外进口货为号召，对本地的产品则压低售价，以供较廉价的建筑使用。因此我们自己到今天连一个简单的马桶都做不好，铝窗都会漏水。

工业的精神与建筑

我常对年轻朋友们说，建筑的技术并不十分重要，但却代表了一个民族的工业的精神。说起来一座公寓的建造并没有十分精准的必要。我们看到不少例子，房子盖好后，量一下尺寸，与图上的坪数不同。

· 德国高水准的建筑工业自然呈现在建筑之中

我们也看到盖成平行四边形的房子。这都可以勉强住，没有太大的影响。然而一个民族在他们日常生活中所接触的，都是马马虎虎的产品，久而久之就养成一种民族的习性，对器物的生产不再讲究。以这样的态度建设工业，并进军国际，是非常困难的。

我国自明代以后，在建筑上的态度就是马马虎虎。原因何在，不太清楚，可能与建筑物的木材上施以厚重的油漆有关。因为油漆把木质与木工的品质完全遮掩，技术的精准就失掉意义了。很多年轻的朋友以为老的建筑都是精美的木作，其实不然。我的实测的经验是，古老的建筑大多粗陋！只是木雕甚为富丽，使人感到精巧。建筑的本体与装饰是两回事。

中国人自明代以后渐发展出一种功利的观念：无用的精神不必白费。所以在手工艺上与自己斤斤计较。庙宇上的雕花，只要正面雕妥即可，很少木工考虑到背面，虽然背面也有被看到的可能。至于看不到的部分更加没人理会了。若用这种精神去从事机器生产，这些机器免不了要时常出毛病了。

在念书的时候，听说当年德国的现代建筑大师，密斯·凡·德·罗（荷兰贵族名字，所以很啰唆）在美国建造了一座住宅，完全是钢骨玻璃，不但看得到的地方做得非常精准，即使地板的下面（该建筑略撑离地面）也磨得光滑。我不能明白，就开玩笑地说这是为野狗准备的吗？这位先生是强调时代精神的。重点在于"精神"二字，现代是工业时代，工业时代的精神就是精准与效率，而且要表里如一，一丝不苟。他那样盖房子，自然要昂贵得多，经过这些年来的经验，我知道他是有道理的。建筑不是机器，我们实在可自建筑上看出一个国家机械工业的水准。

我喜欢用德国与日本说明这个观念，德国在机械工业发达之前，建筑的技术达到顶峰。中世纪的石工简直精准到可怕的程度，工人生命力的投入令人敬佩不已。我认为这是德国机械工业的精神基础。到今天大家提起德国人的机器，都不得不肃然起敬，一部比裕隆一千三还要小的车子，要值得两百万。日本人的建筑是木造的，但他们的木建筑不上釉彩，自古以来，他们用榻榻米为建筑的标准，即使很小的房子，也很认真地建造，木材棱角完整，接榫干净利落，为西方人所乐道。因此他们进入机械时代，很容易投入，立刻能接受西人的观念，建立起自己的工业。等到科技知识的水准提到某一程度，他们的制造业竟执世界之牛耳了。

同时我也很注意英美社会的情形，英国是工业国家之前驱，一度产品霸全球。到今天，他们还居有领袖地位。但我发现美国近廿年来，在建筑上感染了现世主义的作风，有草草了事的现象，流风所及，低劣的产品充斥美国市场，他们竟不十分介意。台湾货在德国、日本卖不出去，在美国则畅销。这说明民族的气质在改变中，而美国机械的精准性就很不可靠了。今天除了比较昂贵的航空、太空等工业外，连美国人也承认其产品不及德国、日本货远甚。

我这种莫须有的理论也许不会为大家所同意，但我内心则深信此一关系的存在。一个社会中，生活的态度常常有很深远的影响。一个在生活中欺骗自己的人，不可能对别人很诚实；一个对住房子很马虎的人，不可能对机器很认真。所以我常常想，建筑工业怎样进入精准的层面，是我们要谈精密工业的第一步。习惯于仔细观察砖块、认真砌砖的民族，才能发展出对机械的兴趣，不会只看花花绿绿的外表了事。若同意我这一观点，则建筑不但是艺术之母，而且是工业之母呢！

建筑与政治

建筑也受政治影响吗？一般说来，科学与技术为政治家所用，但受政治制度之影响者不太大。比如原子能之发展乃创始于希特勒时代的德国，人造卫星之发展则始于斯大林的苏俄，这两项最尖端的科技，是冷战时期的美苏之间竞赛而发展起来的。两个政治制度南辕北辙，在科学水准上相去无多。

如果建筑是一种纯粹的科技，受政治影响的可能只限于发展的环境方面，就连不上理论问题了。然而建筑有其艺术的一面，而且十分贴近生活的方式，比起其他艺术形式来，更加容易受政治的影响。20世纪以来，由于世界各国政治上的变动很大，政治与建筑的关系就成为很有趣的问题，值得我们留心了。

独裁与民主的反映

从象征的层面上看，政治制度最容易反映一个政权的本质。过去的帝王大多有无上的权威，而表达其权威的具体办法就是利用建筑的规模与格局。如果要比较世上各帝王的架子，只要看他们的宫殿就可以了。这一点，我国的帝王无疑是世界第一，堪称"天子"。北京故宫的三大殿是古代帝王的大朝，其壮丽的规模，最能令人感受天子无上的威权。当年孙中山先生不主张北京为民国的首都，其原因之一就是它在格局上太清楚地反映了专制制度，容易让人走入歧途。

西方国家自16世纪以来也发展出一套象征帝王权威的建筑。从罗马教皇开始，到法国路易十四的凡尔赛宫才成熟。他们使用的材料与建筑的式样与我国的宫殿不同，但其辉煌壮丽是相同的。自此而后，欧洲各国的专制王朝都模仿起来，一时之间，维也纳、柏林、圣彼得堡的帝王都用同样的模子，加上些个人的爱好与少量民族的色彩建造了大规模的宫殿，今天的观光客才能一饱眼福。

美国于18世纪末革命成功之后，决定建造新的都城，就面临一个问题：怎样的城市与建筑才象征使他们骄傲的民主制度呢？那个时代的欧洲正流行帝国主义，建筑也都是独裁型的。美国的开国元勋中有些知识分子，如富兰克林与杰弗逊等，很了解欧洲的历史与建筑。他们很自然地挣脱了传统的英国模式，自欧洲找根据。

华盛顿的联邦行政区是由一位法国建筑师将民主的观念结合欧洲当时流行的巴洛克式构想设计出来的。美国是一个大国，要有大国的气派，首府的规模似乎应该大过欧洲的宫殿才是。然而美国是民主国家，这种气派与规模是属于全民的，不属于少数的个人。解决问题的办法很简单，建造一条最宽广的大道，在大道的底端建造一座最高贵的建筑，不是王宫，也不是总统府，而是国会大厦。

总统府只是一个官邸加办公室的小型建筑，即我们所说的白宫，却不在这条大道上，而与国会大厦斜角相望，都面对着中央大道另一端的华盛顿纪念碑。而建筑的式样，尽量采用古希腊改良式，因为他们觉得古希腊人最具有民主精神，与他们的信仰最相近。

美国人这套办法是否合乎民主的精神是见仁见智的，但他们总算花过心思，老百姓也都很接受，很了解。

欧洲的专制政权，在宫殿观念上自然是因袭了帝王时代的建筑，而他们特别喜欢大广场。法国革命之后，又恢复了帝王统治，巴黎因此而大受宰割。中世纪的街道被拆除，建造了今天我们所乐道的圆环与大道。他们很巧妙地把个人英雄主义与狭隘的民族主义结合起来，构成凯旋门式的都市空间。

死亡与生命的象征

欧洲的纳粹在建筑上喜欢比较方正严肃的古典式，而且根源于罗马帝国。因为罗马帝国的威权与扩张力，一直是欧洲野心家向往并模仿的对象。希特勒与墨索里尼都建造了不少生硬死板的建筑，只是现代的帝国主义者把罗马建筑简化了，更加整齐化了，看上去像古代的僵尸还魂一样，只能反射万人口号的回声。

二次大战以后，各国因民居问题严重，都尝试用拆除旧屋建鸽笼的办法解决，而效果不佳。西欧与美国都发现大家宁愿住在古老破旧的房子里，不愿搬迁。很奇怪的是，美国有些城市建造了高层的国民住宅，反而很快地成为贫民窟，甚至有不得不拆除的情形。

到了 70 年代，西方民族国家完全放弃了高层国民住宅的计划，改以修建传统住宅为目标。这是民意表达的结果。生活在民主制度中的人们，看重自己的生活方式，注重表达个性，所以在居住建筑上希望有选择的机会。生命是丰富而多变的，因此建筑环境也需要丰富而多彩多姿。同时，生命是不完美的，人们抱怨有不完美的存在，然而坦然接受不完美的事实。

· 曾经作为意大利法西斯总部的威尼斯广场

　　什么是生命的象征？生命就是缺陷，生命就是幽默感，生命就是一丝浪漫的情思。

　　建筑上可以有龟裂而脱落的墙面，可以搭盖塑胶的雨棚，可以在窗台上摆一盆海棠花。所以民主主义的建筑是浪漫的，是富于人性的。

　　老实说，我们所羡慕的新加坡的国民住宅，大多是带点集权味道的。这一点他们开始时并不清楚，但二十年经验，使他们也深有感受。民主国家的建筑家们正施以浑身解数去创造有生命的建筑环境，而时感力有未逮。为什么呢？因为建筑家不论有多大才能，总不过是一人之才能，而有生命的环境是需要很多人的智慧去创造的。所以我认为大的建筑计划总有独裁主义的味道，而良好的建筑环境是需要经多人之手的。

　　我住在台北市民生社区。这个社区当年新建完成时，是些非常整齐，如同队伍一样单调的住宅。我住进去是因为价钱便宜。感谢上帝，民生社区在自由社会中成长与成熟，这些年来，每位住户都对自己的栏杆、窗户、墙面、院落自由地表达了自己的热爱。不再整齐了，也可说增加了些凌乱与复杂的感觉，然而它终于成为一个令人感到有生气的居住环境。民生社区的居民因此而感到骄傲。

政治体系影响人们的思想方式与生活习惯，而思想与生活很具体地反映在建筑上。所以有人说，如果今天全世界的城市陆沉，经一千年后的考古学家发掘出来，他们可以经由建筑的残余看出各国人民的生活方式、他们的理性与感情、他们的政治制度。这是正确的。因为今天的考古学家在对古代聚落有所发现时，就可以做同样的推断。建筑是反映人类命运最理想的镜子。

建筑与国运

每次有机会与青年朋友们见面，讨论与建筑有关的问题，我总强调不要太容易把建筑看作一种艺术，不要轻易被建筑所感动。我投身于建筑界多年，为建筑唱反调，不但使若干内行的朋友觉得奇怪，一些想从我这里听到建筑艺术如何伟大，又应如何提倡建筑水准的朋友们，更觉得迷惑，好像我在建筑上用功了那么多年，反而自我否定了。是否我对建筑发生职业性厌倦了呢？

　　但我确实是有感而发的。我是彻头彻尾的建筑人，而且颇以建筑这一行业为荣，然而我也是读书人，不是狭隘的职业主义者。我看建筑，是在文化的框架里看；我看文化，也是从建筑的意义上看。建筑的价值与民族文化是分不开的。如果采取这样超然的态度，则建筑就不是我最关心的了。它的重要性应该是次于民族的兴衰的，次于社会的安危的。有伟大的建筑当然很好，但在文化的存续与建筑之间，我要选择前者的。

　　我说这些话一定会使年轻朋友们摸不着头绪。建筑与文化的相关性大家是可以了解的，但把民族的命运与建筑联结起来不是太过分一点吗？这不是把建筑的重要性过分夸张了吗？也许是的。但作为一个读书人，又恰巧知道一些中国历史上有关建筑的故事，我实在很担心，民族的习性使我们陷入同样的狂热中。因为我们对建筑的热衷实在已超过了合理的限度了。

建筑有诱惑力

我警告年轻的朋友，欣赏建筑，必须保持在一种冷静、平和的心情下。当然年轻朋友并没有盖房子的权力与能力，但我希望他们记得，当若干年后，他们执掌建设的大权的时候，要很小心地不要为建筑所蛊惑。因为不分中外，华丽的建筑永远是权力的象征。陶醉于富丽堂皇的建筑之中永远是强力者的陷阱；它的诱惑力与美丽妖艳的女子有同样的效力，它所产生的后果也常常是相同的。在这个层面上，建筑已不是艺术了。

法国路易十四时代有一位大臣，名叫富贵德（Nicolas Fouquet），是法王驾下最成功的理财能手，为路易十四搜刮了不少民脂民膏，建立了法王国的权威。这位大臣又富又贵之余，为"修身养性"，替自己建造了一座别墅（Vaux Le Vicomte）。很不幸，他是颇有修养的艺术鉴赏家，请到当时最好的建筑师与庭园设计家，设计了在当时最有创意的建筑与庭园，成为日后建筑史上的代表作。为什么不幸呢？因为当这座别墅落成的时候，国王陛下风闻盛举，就驾临观赏。当时的法国还没有凡尔赛宫。路易十四看了这座规模虽不大而却精致的别墅，妒忌在心，不久就找了个理由，把他关进大牢，永生也不得出来了。不用说，建筑与庭园都被没收了。后来法国在欧洲影响力的没落，与路易十四兴建凡尔赛宫而弄得民穷财尽不无关系。而凡尔赛宫的构想就是那座被没收的别墅所引起的。

在中国并没有类似的故事，这并不表示中国的皇帝宽宏大量，而相反地，我国古代的皇家，制度森严，也不容许臣下逾越，尤其是明代以后，斩杀大臣，通常有一个罪名，就是建筑逾制。其实那些臣子们的住处，无论如何也不能望皇宫规模之项背的。所谓逾制，不过多用了两根柱子，多刻了些花纹而已。然而皇帝穷奢极欲大兴土木，因而亡国的真不在少数。秦始皇的阿房宫就是家喻户晓的一个例子。

在古代，农民辛苦地在田里耕作，求一温饱而不得，还要供应成千成万生活奢华的官僚。所以有良心的皇帝就是俭朴的，而俭朴的皇帝多能奠定太平盛世的基础。在富强的时代，好大喜功的皇帝，大兴土木，即使因基础深厚，一时不亡国，也就开始走下坡了。为建筑而亡国的最明显的例子是隋代。大家都以为隋之亡是因炀帝无道，他老爸杨坚为人节俭，为隋代奠基，应该算是明君。实际上隋文帝在老年已经很糊涂了。权臣就利用他的弱点，拼着挨他骂，在长安城外，建造了一座极为富丽堂皇的万寿宫。他去看过后，表面上虽大发雷霆，却还是被迷住了。这座万寿宫，不但损耗隋之国力，也使文帝的晚年昏庸起来，终于被自己的儿子杀害了。这万寿宫，就是后来唐太宗改名为九成宫，与臣下们冶游的地方。

因此，中国古代的大臣，凡是耿直而有骨气的，劝导皇帝，必有一条，那就是罢土木之工。我们今天不能想象当时兴建宫殿之花费。一根木柱要自四川或湖南，砍伐后运到京城，在人力时代实是劳民伤财之至。大臣们就只好说，尧舜如何爱民，所住宫室是"土阶茅茨"。好心的皇帝在规劝下就缩小工程规模，但大部分的劝告都是没有效的。

读者一定以为我拿古人作例子是迂腐不堪的。我们今天处在富裕的时代，有新的材料、现代的施工与运输技术，在建筑上考究有何不可？何况建筑是工业，建筑工业的发展与经济发展亦大有关系呢！现代社会，政府有计划、有预算，民间有自由，如何能与古代相比呢？

也许我的头脑过时了。然而我觉得夸张的建筑所造成的伤害虽比不上过去，但整体地看来，建筑上的浪费仍然是最没有意义的。浪费就是经济上的损失。可怕的是，建筑的吸引力与古代一样，正迷惑着我们的一代。我们执掌决策的先生们很容易都落入陷阱，以建筑的成就去衡量自己的成就了。

以文化中心等为例

举台湾地区的例子来说，当我们谈到文化建设的时候，当局立刻想到就是文化中心的建设。当年管理部门提到文化中心时，有些管闲事的朋友，包括我自己在内，表示异议，认为文化建设不是文化建筑，应该自文化活动、艺术创作与表演的鼓舞开始。当局接受了这个观念，然而各县市政府却充耳不闻，有几个县市把文化中心的建筑当作施政的要项，超过拨款的若干倍，建造大而无当的"中心"，弄成财务上的大负担，不得不弃置一些更重要的地方建筑于不顾。实际上，文化的建设，其成功与否与文化中心毫无关系。文化的活动蓬勃成长之后，真正需要中心时，再考虑建筑不迟。廿年后的今天，台湾经济能力倍增，文化经费已很充裕，很难想象当时缺乏民间文化活动经费的往事了。可是在当时，文化中心都是真空馆，今天的几座大型美术馆仍然建筑巍峨，收藏缺缺。

另一个例子是台北市政府大厦。台北市府挤在一座小学里确实太委屈，但若说要盖一座耗费六十亿台币的大楼，以显示其权威，却又有点太过分。建筑的最大难处在于适度，在于恰如其分。市政府虽有

· 象征精致文化的台湾音乐厅（1987）

万人以上的员工，并不一定要集中在一座建筑里。老实说，有些市属机构应该以较分离为适宜的，甚至根本互相没有业务关系的，为什么要集中呢？以台北这样规模的都市来说，未来的市政大楼恐怕要成为破天荒的官僚组织的象征了，因为全世界都少见。

　　又如当局正打算以五十亿台币的花费建一座音乐厅。台湾确需要一座象征精致文化的音乐厅，但其重要性胜过教育的基础工作吗？我不觉得在某些大学的基本设备尚残缺不全的今天，应该做些锦上添花的事。先把大学办好，训练第一流的人才，岂不比一座漂亮的建筑有意义？然而在决策上，很容易出现这种偏差，而不为大家所觉察。我曾在一些朋友面前表示这样的意见，他们都觉得很惊讶。他们大多认为一座有规模、富丽堂皇的音乐厅花再多钱也是值得的。很明显，一座庞大建筑可以使我们的热血沸腾，心跳加速，对于广大的群众，这是最具体不过的感受了，我们还要什么呢？

民间的情形更加严重。我曾遇到一些暴发户的企业家，筹划着如何建造最豪华的别墅。这也无可厚非。但是如果自己的工厂中，工人的安全没有足够的设施，对工人的福利很苛刻，薪水很不合理；加上工厂生产的东西是向日本人抄袭的，朝不保夕地依赖日本人生存，却不肯花钱去开发新产品；舍不得雇用高薪、有能力的青年，却肯花大把钞票盖房子，甚至建筑自己的高尔夫球场，就显得有点疯狂。尤其是这些先生们对建筑的艺术一窍不通，所求只是豪华而已。

如果民间的有钱人都陷于这样的境地，一个国家将受到多大的损害？国力是民间财力的累积，民间所能发挥的创造力就是国家发展的力量。大家都很短视地注意到建筑，甚至不惜千方百计偷漏税金来完成，国家的前途是否令人担忧？实在说，大家应该兢兢业业，培植实力，至于建筑，能够适度而够用，大家都有房子住就可以了。

建筑这一行

本书到此，已陆续向读者介绍了建筑与技术、艺术、社会各方面的相关性，目的无非希望对建筑有兴趣的朋友自各个不同的角度了解建筑，欣赏建筑。建筑是我们生活中不可缺少的设施，如果大家都能对它的艺术价值心领神会，对生活品质的提高是大有裨益的。如果对它的社会文化的背景有广面的了解，对精神生活的充实亦将大有裨益。可惜我的秃笔无法表达得十分透彻，使读者们完全满意。

最后，我愿谈谈建筑师这一行业作为终结，希望供有志于建筑的青年朋友参考。

建筑是赚钱的行业吗？

理论上说，建筑是一个非常理想的行业，它属于自由职业，受到法律的保护，一旦你学业完成，又通过了职业考试，取得开业资格，就可挂牌开张，为人设计建筑了。自由职业就是服务性行业，靠知识与技术做事、赚钱，是一种无本生意。同时，自己做老板，可以在自己书房里开业，也可以租大楼，雇上几十或几百人帮忙，相当有因应环境的弹性。

由于是无本生意，很少听说建筑师破产的，在建筑业非常景气的时候，委托工作应接不暇，所赚虽比不上企业家，但一位成功的业者，也可以百万、千万地上手。由于这样的职业特质，很多年轻的朋友愿以建筑为职业，成功大学的建筑系入学成绩曾经超过了土木、化工、机械，仅次于热门的电机系。社会上一般的观念，也认为建筑师是最赚钱的行业，有一年的新闻甚至说建筑师的收入高居第一。

建筑师诚然是可以赚钱的行业，但这是有条件的。他必须有充分的委托案才能收取费用。一般说起来，建筑师的业务一方面受建筑景气的影响，同时要看他本人能否争取到业务。在现代社会中，争取业务不是很容易的。建筑师得要有广阔的交游，要有有力人士的关说与支援，然后才谈到设计的能力。天下的无本生意都不是好做的，有钱与有权盖房子的人，谁没有三朋四友，或沾亲带故的建筑师？

即使有相当的业务，与企业界比起来，收入还是十分有限的。建筑业是服务业，不可能有一本万利的事，做事情才能赚钱，所以业务多，雇用的人员也多，支出也浩繁。除了专建大楼的少数建筑师（计划案越大，工作量越少，则利润越高）外，大多只能勉强应付。如果一个认真的建筑师，承托一个小型的业务，免不了要亏损的。

青年朋友要注意的是，你学了建筑，不一定能做开业建筑师。经过读书、考试的过程，取得建筑资格，并不具备开业的条件，何况也许很多年考不过关。如果不能开业为建筑师，就只好为他人服务，或去公家机关服务。这一来，你就相当于公务员，失掉自由职业的意义，而且你的收入比起其他行业就不如了。

为什么在建筑事务所服务待遇不高呢？建筑设计的生产线要为每一栋建筑做不同的设计，工作多，用人就多，不像工厂可以大量生产。在美国，建筑从业员的待遇与工商业比，约略只有一半，而且建筑界没有年底的大笔红利。建筑师的收入只会比预期的少，不可能比预期的多，怎会有红利可言呢？（有之只能称为绩效奖金。）建筑工作是卖时间的，所以在工作忙的时候，常常要加班，这时待遇确实好些，但也是辛苦的劳力钱而已。在美国，建筑从业者的待遇不及木匠远甚。

重要的观念是，建筑并不真正是生意，虽可以当生意做。会做生意的人，以赚钱为主要的目的，则可上下其手，就做不好建筑了。而忠实于建筑的人，不惜投入大量的人力，不计成本，就没有钱赚了，因为建筑付款的方式是委托制，照造价的百分比计算。所以负责任的建筑师多为业主费心省钱，反而得较少的代价。商业建筑师免不了会多为业主花钱。权衡之间，就在业者的职业良心了。所以建筑与一切自由职业如医生、律师等一样，是一种良心的事业。

建筑是"自由"的职业吗？

照说建筑是自由职业，它"自由"的程度如何呢？一般说来，我们很喜爱"自由"的行业，因为不为人所役、遂一己之爱好而工作，是最符合中国传统中被称许的境界。其实这是一种误解。

我们所谓"自由职业"在外国并没有这个字眼。英文中"职业"这个名词，有两个字，一为 profession，一为 vocation。后一个字指技术性比较高的职业，如"职业学校"中的"职业"就是这个字。前一个字指专门职业，比较接近我们所说的自由职业，不但有技术性，而且有服务性的意思在内，其社会地位较高，与被服务的对象间有互相信托的关系。我们称之为"自由"，大概是基于服务乃根据合约而定，专职人员有不接受委托的"自由"而言，并没有工作中自由自在的意思。

其实现实社会中的任何职业都是没有自由可言的。我们都知道，

· 建筑师常以设计住宅展现才华。弗兰克·盖里的自宅（1978）

没有经济的自由，就没有任何自由。专门职业者为求生存，为了维持其雇用人员的薪资支出，除了特殊的情形，都不能不努力争取委托对象的信任，有时候甚至不得不委曲求全。名医与名律师之外，如建筑师之流，有时不惜卑躬屈膝去"伺候"有钱有地位的业主，以求取合约。

在过去，社会对专职者是相当尊敬并寄予信赖的。我们的社会没有这种传统，对建筑师常投以怀疑的眼光，不但在费用上任意杀价，态度上也就不免以下人视之了。所以有自尊心的建筑师，很难忍受这种现实，有些人半开玩笑地说，今天的建筑师与妓女的社会地位差不多。这是说建筑师要使出浑身解数，以柔媚的姿态，出卖灵魂的心情去服侍业主，以赢取有钱人的欢心。这话虽然有点言过其实，对大多数的建筑师来说，算得上痛苦却有几分真实的写照。在台湾，还有些有钱的人，想尽办法不订合约而骗取建筑师的服务，说起来是可怕的。

至于为建筑师服务的从业人员，谈不上"自由"更不在话下了。

在美国，情形也好不了太多。所以很多青年建筑师想尽办法挣脱这种枷锁，讨回职业的自由，也保持创作心灵的活跃。这是很不容易的。他们的办法是把自己看作艺术家，也以艺术家的姿态出现。他们的创作只限于住宅，设法出资尽自己的才能设计建造了住宅，如同艺术品一样，让鉴赏家欣赏而后购买。如果每年能成功地出售一座住宅，就可维持生活，并进行下一个作品了。这种情形只有在美国那种土地价格低廉，且以独栋住宅为主要居住方式的国家才能办到。我曾打算在台湾试试这个办法，但只是土地已不能负担，很快就放弃这种想法了。

未来的建筑界"自由"的程度会更形减少。企业的组织精神已逐渐进入建筑设计事务所中，公司形态的建筑师一天天增多，独来独往的建筑师越来越少。实在因为建筑逐渐复杂，所需要的专门人员的协助日渐增多，各业间的互相配合要求日甚一日，过去那种带有浓厚浪漫趣味的自由潇洒的建筑师，恐怕快要绝迹了。

建筑是创造性的职业吗？

在本书中，我们谈过建筑中的创造的与艺术的成分。这种专业，由于具有创造的特质，对年轻人具有甚大的吸引力。所以在美国，虽然明知建筑不是很赚钱的行业，还能吸引大量的青年进入各大学建筑学系。

建筑职业的魔力就在这里。世上没有其他的职业，从业的人员可以有那么多参与的机会，可以那样把自己的心神投入其中，当建筑完成时，有那么多成就的感觉！在正常的建筑作业中，工作人员的投入甚至要到废寝忘食的程度。一位机械工程师，不论他多喜爱他的工作，下班回家后，就会把工作抛在脑后，以松散心情。但一位建筑家，会很兴奋地把工作贯穿生活的全面。建筑家见面聊天也离不了建筑的题目！因为他们有兴趣于工作，把建筑的创造看作自己的生命！

这自然是正常的情形。可惜在我们这里，建筑的创造性没有受到真正的尊重，因为中国的传统看法，建筑家是工匠，工匠的责任是完成业主指示的工作。凡是从事建筑的人都知道，他们设计的自由是有限的。但是这种情况在近几年来的开发业（即建筑公司），情况有所改变了，大家开始在广告上以创新为标榜。

可是商业上需要的是噱头，并不是真正的创造。为了在建筑上弄点花样，同样是痛苦不堪的事。而很多建筑师不得不违背良心，充实广告效果。

事实上这种情形在外国也免不了。只是欧美的社会大众有基本的艺术的修养，因此在聘请建筑师时，总给予一定的尊重；受尊重就有创作的机会了。而社会大众既有一定的看法，广告商的影响力不像在台湾这样大，建筑师受到的压力就轻些。

　　说到这里，觉得不免使热衷于建筑业的青年朋友灰心。但我常觉得，与其善意地蒙骗青年，不如告以实情，让年轻人为自己的前途做判断。建筑是一门有趣的学问，也是一门多姿多彩的艺术，但要愉快地接受它，同时也要愉快地接受社会的现实，因为建筑与社会是分不开的。我常提醒初入大学建筑系的同学，注意法国名师柯布西耶的一句话：建筑是一种心灵的习惯，不是一种职业。持有这种态度去研究建筑，就无往不利，不会为现实的挫折而失望了。

大乘的建筑观

*

一 赘言

贺陈词先生七十大寿，学生们无以为贺，筹划出版论文集以为纪念；我在进行的研究不宜于祝寿，乃征得华山的同意，把我近年来对建筑的看法写出来，作为对贺先生的贺礼。回忆近三十年前，我在成大做助教，住在东宁路的单身宿舍，每周都到贺先生家聊天，每去总吃晚饭，并聊至深夜。师母殷勤招待，做些好菜上桌，使我在那段时间里，没有感到单身宿舍伙食的太大压力。我当时年轻，不太知道师母要照顾五个孩子已经十分辛劳，回想起来，我时常拜访，为师母带来不少麻烦，而她永远笑脸相迎，直到今天，当时的情境犹新，永难忘怀！

在贺先生的小客厅里，对着于右任的一幅小直轴，天南地北，无所不谈，贺先生对建筑十分执着，凡事都有自己的见解，为人谦和，不以老师自居，所以我可以充分地表达自己的意见，并接受他的影响。在此一生中，贺先生是影响我最大，而又不能具体地指出影响何在的老师。在相当长而心情十分低沉的三年助教生涯中，他是我的精神支柱。

回台后二十多年，由于种种原因，没有太多机会与贺先生见面，

---

　　* 原文收录于《贺陈词教授七秩寿庆论文集》（1990 年）。——编者注

最近的十来年，我居然脱离了建筑的教职，实在愧对他的鼓励与教诲。记得我刚到中兴大学任职时，他仍然热心于建筑教育的发展，曾约我一起与当时尚任台大工学院院长的虞兆中校长见面，说服他在台大工学院设立建筑研究所，这可能是台大能在土木研究所内设立建筑研究室进而成立研究所的主要原因之一。在虞校长任内，虽屡为上级否决而设所不成，却为研究所打下基础。回溯过去，贺先生热心推动的贡献是不能忽视的。

自 1983 年起，我就完全脱离教职，投身在自然科学博物馆的筹划上，很多建筑界的朋友觉得这是不值得的，贺先生没有表示意见，相信他也为我未能坚持在建筑界奋斗而惋惜，我没有机会向他报告，自我离开东海大学建筑系主任位子以后，我的建筑观就改变了。与我共事的年轻一代，我的学生，曾不止一次听到我对建筑的看法。我愿意借这个为贺先生祝寿的机会，把我近来的思想剖析出来，请建筑界关心我的朋友们指教。

二 建筑本质的省思

在年轻的时候对于建筑的定义常觉不切实际，但是经过数十年建筑教育与职业经验，觉得定义就是思辨的结论，就是对于一事一物的基本看法，就是哲学基础，就是对本质的体会的结果。

在我读书的时候，常听到柯布西耶那句名言，"建筑是生活的机器"。这句话虽并不为大家所完全承认，但却代表了现代主义的建筑观。现代主义者是重视理性与功能的，是西方文化发展到极端的产物，从这句话里，表示建筑是为生活而存在的，建筑与汽车一样是一部机器。这是柯布西耶年轻时候说的话，对一个东方的建筑学生而言，只是一句观念较新奇的话而已，并不能深解其可能推演出的社会、文化意义。

我在 60 年代就到美国念书，恰在现代主义做最后挣扎的时候。反现代主义的浪潮，在路易斯·康的带领、社会文化界的声援（尤其是波普艺术与雅各太太 Jane Jacobs 的著作）之下，已经完全成形，就等文丘里的最后一击。对于喜欢思考的人来说，这是一个充满矛盾、充满战斗意味的时期。现代主义者们在面临挑战的时候，开始自我反省，并施出最后的一招，希望挽救其命运，那就是建筑的科学化与学术化。60 年代是建筑上行为科学的研究与设计方法的研究最热门的时代，就是为了借学术之力，肯定理性在建筑上的价值，也就进一步地信守"建筑是生活的机器"那句话。

现代主义在遇到信心危机的时候，发现柯布西耶以及现代建筑的前辈们的教诲并没有错，而是没有认真执行。柯布西耶说了这句话，自己到了晚年，像玩泥巴一样地玩混凝土，返老还童，把建筑当艺术看。现代派的少壮派希望把常识的机能主义，推上科学的机能主义的层次，赶上科技领先的时代。

我在美读书的环境基本上是现代主义的大本营，所以我当时也坚持现代主义的精神，力主建筑的科学化，甚至把这种信仰带到东海大学的建筑系的课程中。可是在同时，我也从事建筑的实务工作，花费一部分心力在设计上。在几年的时间内，由于与业主的接触，我开始感觉到建筑的理论与教育体系不能适应社会的需要，即使是科学的分析也无法建立共识。

这时候我面对了严重的困惑。站在学院的立场，可以把学生引导于理想主义的层次，使他们成为改革的尖兵，因此教育体系力求超然于实际职业的运作之上。这就是我的做法，我要求学生维护知识分子的尊严，不受商业社会的污染，为理想付出代价。但是我也不免怀疑，这样的建筑教育对于未来的社会的远景，有怎样的预期？我们是否可以为未来勾画一个轮廓，使今天的理想终有实现的一天！

我有一个答案，所以在那段时期，我希望建筑的职业架构改变。我预期未来的建筑界与其他工业生产体系一样，会进一步地合理化。因此我认识到社会并不需要建筑师制度，应该结合营造业，成为完整的经营体系，因此"合理的设计原则"可以发挥作用。我对当时《建筑师法》的通过，使建筑专业化得以西洋式的形态的合法化，感到是一种开倒车的做法。

在那段日子里，我得到另一种体会。回台后，因虞曰镇先生的资助，办了几期《建筑与计划》双月刊。这是一个粗糙的以现代主义为立场的刊物，但无法得到任何反应。后来虞先生基于其他的考虑，不再支持我，我乃以最简单的方式出版《境与象》双月刊。由于在内容上以感性取向，立刻得到相当的回响。这使我体会到要取得共识，达到沟通的目的，严格的理性、细密的推理远不如动人的说辞与引人注意的形态更有实效。

这时候我很认真地思考，把建筑当作一种合理思考的结果可能是错误的。我们是一群对建筑怀有理想的人，我们有一套严肃的理论体系，但这是永远不可能与社会大众沟通的东西，这是不是意味着我们应该走出象牙塔，拥抱社会大众呢？

把自己当作商人，积极投入商业社会的运作中，是另一个极端的做法。然而现实主义的态度会把建筑这一行业完全吞噬掉，建筑师就失去知识分子的立场了。建筑原先就失掉了现代主义时代所特有的使命感。我开始感觉，建筑家在现代社会上不要卑躬屈膝地求生存，仍能受到社会尊敬的办法，只有回到西洋古典传统的观念，承认自己是艺术家。那么就要肯定建筑是造型艺术。

这已经绕了一个大圈子了。建筑是艺术，是西洋 19 世纪学院派的定义，在现代建筑革命时已经被革掉了。包豪斯只承认建筑是一种工艺。工艺与艺术之间的不同，在于前者把造型视为生产过程自然的产物，是逻辑与美的结合；而后者则视造型为一种目的，生产过程要支持这种目的的达成。把建筑定义为一种艺术，就要放弃合理主义的观念，以感性代替理性。然而建筑系的教育中免除绘画与艺术训练已有若干年了，这个圈子绕得非常辛苦而尴尬。

其实强调建筑中人文主义的精神，我自大学毕业后就开始了。我读了 Hudnut 与 Belluschi 的文章，对人文精神就心向往之了，只是压制在现代主义的思潮之下，未经萌芽而已。因此我的思想很自然地回到西方学院派所代表的人文主义，把艺术的内涵包容在人文精神之中。当我们用今天的角度看人文主义的时候，就不一定限于贵族式的文艺复兴的人文主义，也可以是民主时代的人文主义，艺术的含义也可以演而为大众艺术了。这就是文丘里在 60 年代初期所发现而大力鼓吹的东西，只是他受美国学院的影响太深，在发现之后又把它推回到象牙塔理论的尖角里去了。

当我得到这样的结论的时候，我已经离开东海大学建筑系了。回顾几年间所做的建筑，所从事的教育工作，乃至出版了又停刊了的杂志，好像一个梦境一样。现代主义者的理想逐渐离我远了。我曾经是一个执着的人道主义者，曾经是一个自然主义者，曾经是一个有机主义者；这一些都离我很远了。

我非常遗憾向这些多年的信仰挥别，尤其使我遗憾的是我不得不放弃人道主义的立场。现代主义中有强烈的人道主义色彩。现代建筑特别重视大众居住问题，居住环境问题就是从人道主义出发的。杜甫的名句"安得广厦千万间，大庇天下寒士俱欢颜"是中国的人道主义的建筑思想。对于一个在战乱中过了难以言喻的苦日子的我来说，这是崇高伟大的建筑观，是建筑家最高贵的理想。我曾于1970年参加过德国的一个研讨会，又于1974年参加了伦敦大学的都市发展课程。这两者都是为第三世界国家所设，讨论到很多发展中国家的民众福利问题。这些曾加强了我的福利社会与人道主义的观念。然而这一切都过去了。十分遗憾！在我撰写专栏"门墙外话"的那最初几年，时常强调的就是这些观念。记得我初次写到台北兴建天桥是不合人道的做法时，曾得到相当广大的反应。在极少数人拥有轿车的当时，这是可以想象到的。

在骨子里，我并没有放弃人道主义的想法，可是在建筑上，我已经不认为负有人道主义者的任务了。我的经验告诉我，喂饱饥饿的大众，供给顶无片瓦的寒士们房屋，不是一个建筑问题，而是政治家与工程师的问题。我了解到只有在社会主义的国家，至少是民主社会主义国家，才能彻底由政府解决居住问题。建筑界研究居住建筑的成果，只有在社会主义国家，才能配合工程师，派上一点用场。在标榜美国式自由主义的台湾地区，不放弃只有痛苦而已，因为十年前的台湾已经是房地产投机业者的天堂了。

一个民主时代的人文主义者，是自另外的观点为大众服务；是利用民众可以接受、乐于接受的方式为他们服务。其基本精神就是一个

"人"字，作为建筑师的"人"与作为业主的大众的"人"。

看上去似乎无可深究：我们是"人"何曾有任何问题？不然。现代主义时代，有使命感的建筑家虽为人身，在精神上是具有神格的。现代建筑的大师们的著作，其口气是救世主的，他们与先知一样，要救世人于苦难中。所以当时的大建筑师几乎都有一套都市的构想，因为透过都市的居住形态，他们的智慧就以神格创造了人群的生活方式。他们认为社会大众不但是可怜的，而且是愚蠢的。

在这个传统之下，有使命感的建筑家都喜欢大尺度的计划。建筑研究所的学生争着进入都市设计组，这使他们都成为个性高傲、行为乖张的"非人"。嘴巴上说的都是为了人群，然而却对人群毫无所知。

作为一个民主时代的人文主义者，首先要恢复自己的地位与"人"格。承认自己的能力是有限度的，自己的贡献要视民众接纳的程度而定。恢复"人"格，不表示堕入流俗的泥淖之中，因为人文主义者也是理想主义者。人文主义者相信人有其高贵的一面，孟子的性善论就是人文主义之理想主义的产物。人文主义的建筑家所努力以赴的是把人性中高贵的品质呈现出来，提升人之为人的水准。自一个角度看，其角色与文艺复兴以来的艺术家并没有两样，只是少一点英雄色彩而已。

现代的"人"格中仍然可以强调创造的成分，也就是艺术家个人的发现。这样说，英雄的意识是可以存在的。在路易斯·康反击功能主义理论的时候，指出人的造物可以不同于自然。人可以画一个红色的天空，可以建造一个走不进去的门。这是人的意念的表现。康的思想中有强烈的英雄主义色彩，而英雄是界乎神、人之间的性格，也是人文主义者的基本性格。但是民主时代中的英雄不是悲剧中的英雄，是可以引起他们共鸣的英雄，说着他们自己的语言的英雄。自怜狂式的自封英雄的时代也过去了。

今天的人文主义的建筑家所服务的对象是多数的群众，而不是少数的英雄。以中产阶级为主要组成分子的大众，是不轻易向自以为是的英雄顶礼膜拜的，易言之，今天的建筑家要能使这些受过教育、家有恒产，但对艺术没有深入了解的大众受到感动才真成功。要做到这一点而不流于凡俗，并不是一件容易的事情。

三 中国传统的省思

我对中国传统建筑是自心底里喜欢的。但是在现代主义挂帅的时代，我的喜爱只偶尔出现，而且是附着在现代建筑上出现。自在大学念书的时候起，在课堂上是反传统的，而到了假日，我却喜欢在台南的古老建筑间闲逛。有时候，连我自己都不明白为何有这种矛盾的行为。在当时，我认为传统与现代是两条永不相交的平行线，对于东海大学的校园，努力结合传统与现代的风格，我很喜欢，但对其理念不能接受。我觉得东海大学的设计人思乡病太严重了，有些诗情的想象，因此就像大多数外行人批评的一样，日本味太重了，与我在台南小巷里所体会到的中国传统相去太远了。

由于大家所敬爱的金长铭先生很喜欢谈建筑哲学，常常以道家的理论来解释现代建筑，所以我在成大任助教的时候，曾再三地思考过这个问题。弗兰克·莱特的建筑最接近自然，也最受东方影响，是衷心的老子哲学的崇拜者，但是很少被人提到。反而对东方完全没有了解、百分之百的西方文明产物的密斯·凡·德·罗的作品，却一再地被认为与道家哲学不谋而合，使我开始时感到相当困惑，也引起我很大的兴趣。

我认真地读了张一调教授取得普林斯顿大学博士学位的论文。为求精读，我把它翻成中文。张教授文笔流畅，论理富创造力，以空间的不可捉摸性与道家的"无"来对照，实在非常引人入胜。金长铭先生则以"为学日益，为道日损，损之又损，以至于无为"来看密斯的空间，以"大象无形"来看密斯的造型，确实发人深省，使我对中国文化与建筑理论间的玄妙关系产生莫大的好奇心。但是在思想上，我是现代主义的信徒，我很欣赏"玄思"，但不相信它有任何实质的意义。我经过思考后，觉得密斯的影响已是日正中天，其贡献已有西方的理论家与历史家予以肯定，何必再由中国人用中国思想去锦上添花一番呢？设计一座密斯式的建筑，认为表达了中国的哲学思想，对中国文化又有什么贡献呢？

莱特不为中国人所重，使我感觉到中国近代的知识分子太喜欢玄奥的理论，太不重视实际了。老子明明是崇尚自然的，他说："人法地，地法天，天法道，道法自然。"道已经是理论了，那么自然是什么呢？自然不是你我所见的自然景物、天候季节等现象吗？莱特因为太实际地亲近自然，反而不为中国人所喜。这是我第一次体会到，中国文化中缺少自然主义的本质。

我决定不谈传统与现代，先潜心去了解传统。在留美的几年中，除了上课、写报告之外的课余时间，都花在图书馆的中国艺术书籍上。没有人指导我，只是因为兴趣所在，就没有方向、没有目标地读。读了就写笔记，只此而已，自感中国传统浩如瀚海，实在很难摸到头绪。其中少部分与建筑有关的笔记，就是我回台后写《明清建筑二论》与《斗栱的起源与发展》二文的基本资料。尤其重要的是，我对中国艺术史掌握了一些概念。

在接触到台湾社会对风水的执迷之后，我在东海大学时即开始研究风水，阅读一些风水的典籍。这个中国民族为之沉迷的玄奥的系统，千年以来，不知消磨掉知识分子多少生命。直到今天，大部分的中国人仍然相信，而且把风水、命相看作行事的南针。我开始感觉到了解中国，通过西洋的理性原则是办不到的。中国是一个非常特殊的民族。我相信文化是一个民族固有的生活、思想、价值观的总和，中国民族在现代化过程中所遇到的问题，并不是倡导赛先生与德先生所可以解决的。自五四运动，胡适那一代，到今天已经七十几年了，中国依然是中国，数千年留下的问题依然没有得到解决。建筑在中国的现代运动中不过是无足轻重的一个小问题而已。要了解中国建筑的传统存废问题，先要了解中国民族的性格。

1978 年秋，我到中兴大学以后，脱离繁重的建筑教学活动，开始反省一些问题。首先，我花了一年时间，把"二十四史"读了一遍。我的目的是对中国历史得到一个整体的感觉，想法抓住传统的意义。传统是由历史所形成的，我希望掌握到一点中国的历史精神，不是经由历史学者、哲学家告诉我，而由我自己直接自历史中体会出来。读完"二十四史"，我好像更认识中国，更认识中国人了。中国是这样一个单纯的民族，这样一个自原始森林中直接踏进文明的民族。我对中国建筑有豁然贯通之感。

那时候，我提倡、鼓吹古迹修复不遗余力。我对中国传统建筑的喜爱，无以发挥，就全部表现在古迹的维护上。林衡道先生在台湾传统建筑上的广博的知识特别有助于古迹的推动，东海大学建筑系成为古迹研究的尖兵，除了出版了几本研究报告外，我在东海系主任任内完成了台湾第一座古迹维护的工作：彰化孔庙。在离开东海之后，即开始了漫长的鹿港古风貌的研究、维护工作，至今尚未告一段落。

古迹的研究与维护，因有测绘与修理的实务，故特别有助于对传统建筑的了解，尤其是中国建筑匠人表现的价值观与工作态度，在在反映出中国人的文化性格。建筑实在是一个文化的缩影。

这时候，台湾省文献委员会与台北市文献委员会分别于寒暑假举办台湾史迹源流研究会。其中"台湾传统的建筑"一讲由我担任，同一题目、同一演讲，每年向不同的对象举行四次，给了我不断整理思绪的机会。我写了讲义，但从不使用讲义，而以我对中国文化的了解，以轻松的比喻，解释一些传统建筑的观念。据承办人员告诉我，我的课受到相当热烈的反应。事实上我可以在课堂上感觉到听众的反应。

以文化来解释建筑，了解建筑，我最早受吴讷逊先生的影响。吴先生细密的观察与明晰的图像概念，在我初期有关中国建筑的演讲中是常常借用的。在1975年，为东海大学东风社所做之演讲"中国人之环境观"中，使用了一部分吴先生的观念，大多为我个人的体会，但表达的方式仍受吴先生的影响。我个人的观念真正成熟，并摆脱了吴先生西方图像式的解说，是自史迹源流研究会的演讲开始。

我了解的中国文化是对照西方文化发展而得来的。中国民族并没有经过西方式的思想的、宗教的、哲学的反省，甚至文艺复兴式的自我扩张的历程。所以我们没有哲学、没有科学，也不相信未来的世界。我们是一个文明世界中的野蛮民族。在西方兴起之前，中国是世界上最文明的国家，也是最野蛮的国家。我有这种体会之后，在报章杂志上写东西时常常表达出对民族之现代化的文化性障碍感到悲观。我尤其常常提到中国缺乏宗教信仰的严重性。

我教中国建筑史，开始把中国历史分为三个阶段。那就是自远古到汉末的神话时代，自六朝到北宋的佛教时代，自南宋到清朝的无神时代。我认识了中国建筑自秦汉至今没有改变的精神，那就是民众化的精神；而自明代以来，中国的文化已完全俗化、大众化。我认为中国之于两千年前即已开始民众化的原因，乃在于封建制度的解体。封建制度在西洋、在日本，都是现代工业的基础，是科学发展的土壤，甚至是民主思想、宗教改革的温床。大一统帝国下，这些机会陆续消失了。封建精神与宗教精神在南宋之后完全消失，中国的艺术与科学就无法领先于世界，而逐渐沦落。

今天我们所说的中国或中国建筑，不是指秦汉，不是指隋唐，而是指明代以来的中国文化，也就是我们所知的，祖父与父亲辈的中国。这是一个以迷信为寄托，以逸乐为幸福，以儿孙为传承的中国……单纯而乐生，厌恶死亡、不重来生的中国。这样的中国实在远在殷商时代就开始了，只是周代的封建制度与后来的佛教，为我们披了外衣，误导了我们的注意力，所以大陆的学者在考古的发觉中把中国的建筑文化不断地向上推，我并不觉得惊讶。中国的木架构与四合院，以中国文化性质来说，再上推一两千年也不为过。

艺术界老前辈谭旦冏先生在数年前一次聊天中，提到中国艺术的大众性，点通我数年的困惑，自此后，以大众文化来看中国文化特别是明代以后，脱除佛教外衣之后的真中国，就发现很容易连接上美国的当代文化。美国因为没有欧洲式封建与宗教精神，近几十年来的发展，非常接近中国式的人文性与大众性文化。

我开始了解中国的人文精神是自最基本的求生的精神出发的。我们了解的宇宙，我们的社会组织，几乎都反映在自己的身体上。这时候，我再翻阅文丘里在十多年前的著作，发现他所说的"装饰的掩体"（Decorated Shelter）是用来说明中国建筑最贴切的名词。我对中国建筑有豁然贯通之感。

中国建筑从来就不是一种艺术。其实中国的绘画与文学虽出于文人之手，也是十分生活化的。中国的艺术从来不自外于社会，也从来不欺骗社会。雅俗共赏成为大众与艺术家共同追求的目标。自明代以来，艺术完全属于大众，不论画家是和尚还是道士，其所画所题，概为民众所能了解，为人人所欣赏。自皇子至于庶人，在艺术面前一律平等，艺术并不以某一阶级为对象。其描述的内容也为大众所深知。

自这个角度看，中国没有真正的专业艺术家。即使是商业化以后的江南地区，画家也不完全职业化，他是一位特别有灵思的文人，只有西洋传统中才有把自己的生命赌在艺术上，为自己的理想而一时不求闻达的精神，与民众采取对立的立场。建筑从来不被视为一种艺术，但到今天，如果社会大众接受建筑为一种艺术，那么他们所要接受的是一个属于他们的建筑，而不是象牙塔里的东西。中国人不要个人英雄式的艺术家。

四　当代文化的省思

当我有这种觉悟的时候，已经到了80年代，经过了60年代与70年代这两个十年的动荡，世界的当代文化走上了一个新高原。全世界都摆脱现代主义的束缚，扬弃了现代主义的想象，后现代的时代性格完全成熟。

新时代是人文主义者的天下，20世纪上半段，莱特与芒福德

（Mumford）等人担心机械会支配人类的时代过去了。新的时代也不再是 50、60 年代所担心的电视支配人类生活的时代了。人可以重新成为宇宙的中心，这就是资讯时代的来临。简言之，今天是电脑时代，世界开始缩小，知识成为人人可以拥有的货品，政治上的大幅度的民主化与自由化都挡不住了。

这样的时代一个最大的特点就是多元价值观。过去的社会价值赖以维系的"人同此心，心同此理"的信念到今天也受到怀疑。宗教也多元化，过去因宗教而凝结的社会，有被融解的趋势。人之不同，恰如其面。这种"不同"渐被接受，并受到尊重。过去的怀疑主义者只是瓦解传统的信仰，今天则是肯定个体的主观判断了。多元化在表面上看来，使现代社会呈现一片紊乱的景象。

这段时期我在报纸上写很多专栏，由于读者的反应，深体会到价值判断是多元的。我越来越不相信可以说服别人。只有价值观相同的人才能真正沟通。他们为了自己的利益要结为团体。最后一切价值的抗争都反映在政治力量的抗争上。

在这种情形下，艺术与建筑也要面临一种新的情势。我很怀疑，以后我们还会产生支配大家思想观念的"大师"。过去的大师将永远存在，我们不时回头欣赏他们的作品，如同古典音乐的大师一样，随时仍可感到他们的存在，但历史不会重演，我们的时代不会再制造英雄。一个懂得运用媒体的人，可以一时之间使自己膨胀，受到大家注目，与政治领袖一样，他会因受到众多价值观不同的人之攻击而迅速褪色。我体会到，艺术与建筑的工作者必须了解，在现代资讯社会中，能够使自己的贡献在广大的资料库中流通，供人索阅、查询、参考，已经很不错了，太多有特色的画家了，太多想自创一格的建筑家了！吵闹之声震耳欲聋，群众就一律听而不闻了。

我很高兴地发现，新的人文主义社会中的一些特质与中国传统文化相近。其中值得一提的是"逸乐取向"。有使命感的中国读书人很不喜欢"逸乐取向"的文化，但是某些人要承担国家民族未来的使命，在今天已成为可笑的观念。只有在仍需要革命的国家才有点意义。逸乐就是使身心舒畅，是人文精神中很基本的元素。在多元社会中，有些人仍然相信苦行主义，仍相信"危机意识"，但大多数人以不同的方式，使自己感到愉快。这种趋向在艺术上，就是对美的追求，是新的唯美主义的时代的来临。

在传统的艺术的三要素中，真与善都受到时代的挑战，成为不易肯定的价值了。只剩下一个尚无大碍的美学。美的绝对性也受到学者们的质疑，但是大众是不懂得理论的，他们相信自己的感觉。他们虽因时髦而对美感的判断略有差异，但对美的形象几乎有共同的感觉。美要自"俊男美女"的吸引力开始探讨，有为大众共同喜爱的美女，世界上就有绝对的美。因此西方艺术界所痛恨的装饰性美术，就以各种不同的面貌出现了。现代人喜欢生活在美的世界中。

除了美之外，现代社会追求新奇感。他们已经失掉思考的能力，而喜欢直接感官的瞬间收受。在数十年前，建筑家如纽特拉就讨论到永恒感的消失，到今天，可以丢掉的建筑已经逐渐成为现实。为了满足新奇感的需要，临时性或类似临时性建筑大为盛行，西方世界每年花费庞大的经费建造世界博览会性质的建筑，使用期限为半年，而每年在数处举行，大小规模不一。结构体不宜变动的市区建筑，因装潢业的盛行，在室内、室外，都可以随时改变，以新人之耳目。

自博览会建筑到永久性的博览会建筑——迪士尼世界及多种游乐

场，今天的文化，是一种欢天喜地的娱乐文化。我曾经很看不起这种"肤浅的"东西，我曾努力追求深刻的价值，但自文化层面去了解，一切观念都改变了。事实上，我在观念上的改变自从1975年在加州技术大学教书的时候就开始了。我发现美国的加州文化就是一个梦想与奇幻的文化，其建筑是一种梦境的创造。但到80年代，我到中兴大学之后，才完全确定自己的看法。我喜欢为欢乐的大众服务，我不再板起脸来，用学究的态度与业主争吵了。

在这段时间里，我有机会完成了"救国团"溪头的青年活动中心及垦丁青年活动中心。这两个建筑群依其样式，都不是我所喜欢的现代作品，与我在美国东岸所学全不相干，但是得到广大群众的热烈欢迎，十数年至今不衰。奇怪的是，建筑界似乎有相反的看法，倒比较喜欢我不太受欢迎的作品。这使我觉得精神上，与我所属的专业越来越远了。

但不可否认的，我的独特风格失掉了。在我看来，我丢弃了自己的假面具，与民众混在一起了。

这时候，我开始负责筹划自然科学博物馆。我受命主持其筹备处，是帮忙性质，无意全力投入。但责任攸关，我不得不求深入了解。数年后，我发现今天的博物馆，在观念上是迪士尼的引申。它不再是上层社会的宝石盒子，而是以提供群众欢乐的方法来实施教育的机构，我很快就对它发生甚大的兴趣了，并加强了我对建筑的民众化的看法。

我并不觉得建筑必然是临时性的、包装式的。因为即使到今天，建筑仍然是一种很昂贵的货品，不是应该数年就拆除的。但是我深信，在新的人文主义的建筑观中，不一定靠不断的转换来服务大众。我深信在人的心灵的深处，有不需要学院式教育即已存在的感应能力。就好像孟子对人类的善心，追究到恻隐之心一样，人类也有一种美心，可以追究到对美丽面孔的崇拜。这一点是不必教育就知道的，而且百看不厌的这种美心是天生的，但当其实现，不可避免地渗入了民族的价值在内。因此我认为现代文化是与个别性和民族性分不开的。

我同时感觉，要满足今天"地球村落"的居民们的需要，今天的建筑文化可能会成为观光文化的一角。自地球的整体来看，观光文化就是多元价值的一种表现。世界上每一角落的人都要到其他多角落的独特民族环境中去观光，去体验不同的美感。国际主义是跨国大企业的产物，是完全单调、令人厌倦的，现代主义不是被建筑理论界的革新者打垮，是被群众所遗弃了。在逸乐取向的文化中，一地建筑不仅为居住者所用，而且不能不负担观光的任务，为来自全球的游客负一点责任。

我认为在现时代的建筑家所可以做的，就是提供这两种服务。寻求百看不厌的美感，同时提供民族的感情的满足。

这也是我对"后现代主义"的看法。我觉得后现代主义并没有明确的目标，没有主体的思想。它的精义所在就是解除教条的枷锁，把心性尽量发挥出来而已。我们已经没有经典了，因此可爱我们想爱的，拥有我们想拥有的。人生是如此，艺术是如此，建筑也是如此。感谢科技上的成就，使我们都能回归自然，自大众文化转入小众文化。感谢经济上的发展，使我们都有足够的财富，选择我们所需要的东西，到我们所喜欢的地方去参观。感谢政治上的民主化，使我们解除了一切禁忌。人类的历史进入一个可以选择，有能力选择，有足够的多样性供我们选择的时代！

建筑家的角色同时也是为大众提供选择的机会。建筑服务的商品化是不可避免的趋势。在未来，教育水准会不断提升，"雅痞"这样要求高品质生活的人群会扩大。他们会成为一个成熟社会的决策者。要求高雅，要求变化，要求风格——不是建筑师的风格，是他自己的风格。忽然间，好像洛可可时代来临了，只是这一次高雅的庸俗不是帝王的专利，而是中产阶级共同追逐的目标。

五　大乘的建筑

这几年来，我自文化的反省，自传统的认识，反过来看建筑的本质，觉得不管世界建筑的发展要采哪一个方向，中国的建筑必然要走中国人的路子。我体会到中国人所需要的，雅俗共赏的大众文化，实在是合乎时代潮流，合乎未来趋势的新建筑观的基石。这使我想到中国文化是一个兼容并包的文化，就是因为中国人的大众化性格所致。中国是自发性地自思想推动产生社会主义政权的。社会主义的思想背后有平等主义的要求，而人生而平等的观念是由大众文化培养出来的。人民做主的制度很容易为中国人接受。

我想到，在纪元 2 世纪以后，自印度传来的佛教，没有多久就被中国人吸收，彻底地改变了性质，以我肤浅的对佛教的了解，佛教于产生时原是一种苦修僧为主的活动，其主要的信念是"灰身、灭智，归于空寂之涅槃"，是对自我欲念的挑战，到了中国，原始佛教中那一点救世济人的想法就被扩大而为"自利利他"的宗教了，这就是大乘佛法。

在大乘的信仰中，菩萨是一个超凡的圣者，他不愿使自己上达涅槃的境界，而要济世救人，不完成这一项工作，他是不会离世人而去的。这样的信仰很容易俗化，渗入大众性文化之中为万民所接受。菩萨的形象逐渐女性化、圣化，而涅槃就变成带着凡世享乐色彩的西方极乐世界了。到后来，真正怀有大慈大悲心肠的佛教的信徒们，是不期然地希望西方极乐世界可以在今天的世界上出现的。这种现世主义与大众主义的精神是大乘信仰必然发展的结果。

今天中国的建筑家也要抱着大乘的精神才好。

现代建筑在西方发生的时候，原是有社会主义的内涵的。但是社会主义与大众主义之间有距离，乃不为西方民主社会所接受，他们所能接受的，只剩下基提恩（Giedion）所提出的现代美感。其教条意味与清教色彩浓厚，为时代所抛弃，是很自然的。

但现代建筑与现代绘画传到中国来，也把西洋艺术界那种象牙塔的精神带过来了。西方的传统是：越在艺术上造诣高的人越远离群众。即使是为世人所崇拜的毕加索与达利，其作品的交换价值高不可及，但其艺术能为人所了解的也极为有限。所以西洋艺术家攀至最高点的模式是创造一个惊世骇俗的个人式样，为社会大众所注目，甚至谩骂。然后利用艺术评论家的笔，为自己的个人式样寻找理论根据，先在艺术界内立足，成为"大师"，作品在多种大众性出版物上出现。这时候懂得的人仍然很少，却先由行内予以肯定，成为年轻一代的模仿对象。最后一步是在中、小学教科书上出现，强力灌注其价值观予下一代，奠定千年事业的基础，而国际艺术市场以百万美金为单位的代价来代表其艺术价值。可惜的是，这些作品也许成为投资的对象，但对一般大众而言，仍是莫名其妙的。

这种精神是自我完成的小乘精神。采用的手法乃以自毁来达到完成的目的。第一流的艺术家大多行为乖张，以放纵来蔑视大众，得到大众的喝彩。这是对群众自虐心理的充分利用。是沽名钓誉，以商业社会的利器，大众媒体，来支配商业社会。在这方面，毕加索与达利也许是成功的。但对人类的价值，有再检讨的必要。

抱持着大乘精神的艺术家，除了表现其个人风格之外，最重要的是其作品必须使社会大众自心底里喜欢。要排除"曲高和寡"的错误观念，不以清高、乖张欺世，不以学术的象牙塔自保。

大乘的建筑家们应该是爱人群、爱生命的人，不是以人群为抗争对象的孤高自赏的人。新时代的英雄是为众人的价值寻求诠释的创造者。

在众多的西洋建筑家中，最符合此一条件的人是西班牙建筑家高迪氏。他尽一切可能，使巴塞罗那的市民喜欢他的作品。他把一生放在一座大教堂的建筑上，而未能完成。他去世时，全市市民为他送葬。因为他的作品不是为自己而存在，是为全市市民而存在。他为世人喜爱的程度，远超过巴洛克建筑家伯尼尼。

但是真正的民众主义者，与以民众为幌子的建筑家是完全两回事的。前者如同动人的插画家，后者如同波普艺术的画家。波普画家们的作品以大众文化的媒体为主题，但其态度是嘲讽的，是犬儒的。在建筑界，文丘里是以民间主题为幌子而不爱民众的代表。他的著作夸大美国民俗建筑的价值，目的在于找出一条理论的途径，使自己在历史上立足。他是一个标准的学院派，把民俗建筑推到不可理解的境域里去了。

我看到大众建筑的远景，在多元的价值观之下，多彩多姿的，在人类的普遍性美感与民族的独特性美感的互相激荡之下，建筑可以出现丰富的面貌，以饱大众之眼福。摆脱了学院派的桎梏之后，建筑家的注意力就不会消耗在无关紧要的抽象理念上了。工程师要为建筑服务，而不会支配设计者的思想，建筑的教育应该有彻底的改变，建筑学术研究应该有再定向的必要。

我觉得很惭愧，在思想上，我不是一个坚持信念、从一而终的人。当我觉得今是而昨非的时候，我会改变自己的主张，对过去坦承错误。在东海大学担任系主任的那十年，对建筑界造成某种程度的影响，但如果我再做一次，可能会从头反省，重新订定方向。

如前所述，我会把建筑定义为艺术，我会把课程之重心环绕着历史课建立起来，建筑的科学与设计的方法要退到第二线。我会更加以人为中心，要求年轻人去了解、体会真实的人生。我会把民族文化，尤其是中国民族在居住环境上的价值观当作研究的课题，当作学生们观察环境的课题。我会要求年轻人在观察环境中的一切现象的时候，不只注意那些一般人注意不到的抽象的意念，更要注意为大众所注目的形象，试图深度地体会其意义。

出世的建筑观要以入世的建筑观所取代。

这样的思想，与我在三十年前坐在贺先生的小客厅里读建筑的时候，相去已经很远了。这些年来，我与贺先生少有见面的机会，但是我知道他一定不会改变对建筑的热诚，对职业水准的坚持。这一点是他最使我钦佩的，也是我很惭愧，自己无法做到的。

最近我参加过一个讨论会。中正大学校园建筑已进入建筑设计的阶段，台湾几位顶尖的建筑家均入围参与设计。我作为一个旁观者，听他们在协调会中互相表达意见，再一次体会到承认建筑之主观性的重要。然而我最不能原谅自己，也是最不能向贺先生交代的，由于若干年来类似的体会太多了，我失去了对建筑的热诚。我承认自己只有"入世"的看法，没有"入世"的精神。总结起来，我还是建筑商业化过程中的逃兵。

以文化的全面来看建筑，我只觉得它是我很喜欢很熟悉的一种艺术品而已，与我看中国古代文物一样的态度。我满怀兴奋所买到的一只宋磁州窑画花的瓶子，放在我的客厅台子上，来访的客人没有人注意到它的存在；建筑也是一样。它是一件艺术品，通常只对它的主人，包括它的设计者产生意义，也许对少数的上层社会的收藏家、鉴赏家有若干意义，对大多数人，它是不存在的。我觉悟到，建筑成为一个讨论的对象，正是因为它是平凡的，不为人觉察的，才希望追求卓越，争取大众的注意力。然而大家努力争的结果，却形成一个新的平凡面。在大街上不知有多少是建筑家的力作，都未见任何一座为行人所注意。这是建筑家的悲哀，也是建筑家的命运！建筑必然要商品化、艺术化的。

　　在这样的文化背景下，建筑不采取大众的立场，除了是一种谋生的职业之外，还有什么意义可言呢？